新一代信息技术系列教材

基于新信息技术的JavaScript程序设计基础（第二版）

主　编　黄利红　曾　琴　谢钟扬

副主编　周海珍　胡宇晴　左向荣

参　编　马　娜　陈　梅　张东英　彭　玲

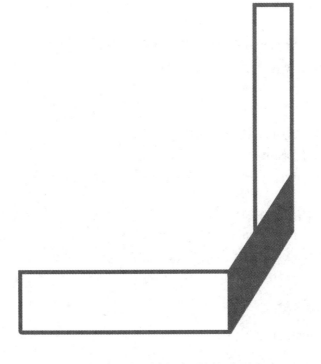

西安电子科技大学出版社

内 容 简 介

本书采用项目驱动的编写思路，将 JavaScript 的基础知识与案例开发结合，有助于初学者快速掌握 JavaScript 语言，提高该语言的应用水平和开发能力。

本书提供了 13 个项目，具体包括 JavaScript 初体验、JavaScript 制作简易计算器、JavaScript 判断平年或闰年、Window 对象、Date 对象、表单验证、正则表达式、购物车的全选/全不选效果、JavaScript 改变 CSS、省市级联动、JavaScript 的事件与处理、节点操作、JavaScript 综合应用实例。书中的每个项目都提供了开发所需要的 JavaScript 语言的基础知识，即基本语法、函数、Window 对象和其他内置对象、事件处理、节点操作、表单验证和正则表达式等。

本书既可作为高职高专计算机类专业学生的教材，也可作为前端开发编程爱好者的入门参考用书。

图书在版编目 (CIP) 数据

基于新信息技术的 JavaScript 程序设计基础 / 黄利红，曾琴，谢钟扬主编. --2 版. --西安：西安电子科技大学出版社，2023.8
ISBN 978-7-5606-6901-4

Ⅰ. ①基⋯　Ⅱ. ①黄⋯　②曾⋯　③谢⋯　Ⅲ. ①JAVA 语言—程序设计　Ⅳ. ①TP312.8

中国国家版本馆 CIP 数据核字(2023)第 103475 号

策　　划　杨丕勇
责任编辑　杨丕勇
出版发行　西安电子科技大学出版社(西安市太白南路 2 号)
电　　话　(029)88202421　88201467　　邮　　编　710071
网　　址　www.xduph.com　　　　　　电子邮箱　xdupfxb001@163.com
经　　销　新华书店
印刷单位　咸阳华盛印务有限责任公司
版　　次　2023 年 8 月第 1 版　　2023 年 8 月第 1 次印刷
开　　本　787 毫米×1092 毫米　1/16　印　张　12.25
字　　数　286 千字
印　　数　1～3000 册
定　　价　38.00 元
ISBN　978-7-5606-6901-4 / TP
XDUP　7203002-1
如有印装问题可调换

前 言

互联网技术的迅猛发展促使网络用户对基于 Web 的软件产生了大量需求，而良好的 Web 前端交互设计与用户体验在吸引用户方面发挥着至关重要的作用。JavaScript 是 Web 客户端的主流编程语言，被目前绝大部分主流浏览器所支持，并应用于市面上绝大部分网站中。JavaScript 因其脚本语言的特性，在客户端串联起 HTML5、CSS3，动态地向用户展现复杂、炫目的用户界面，同时还可以完成一定的业务功能和运算，是整个 Web 前端领域的重要基础和核心内容。

本书从零开始讲解 JavaScript 技术，书中以任务为驱动，内容循序渐进，案例丰富实用，既可作为 JavaScript 初学者的入门教程，也可为具有一定 Web 前端基础的读者进一步学习提供参考。本书综合了编者近年来积累的 JavaScript 开发经验，详细介绍了 JavaScript 程序设计开发所需的核心知识和实用的解决方案，力图用简明扼要的语言、翔实具体的实例，让读者从原理上理解和掌握 JavaScript 程序开发所需的技术。

本书针对 Web 前端工程师所需技能，以工作任务为核心选择和组织专业知识，按工作过程设计学习情境，以强化 Web 前端工程师所需技能，提升其动手能力。本书是一本应用当前流行的前端技术实现客户端交互效果的实用教程。

黄利红、曾琴、谢钟扬担任本书主编，周海珍、胡宇晴、左向荣担任副主编。黄利红编写了项目 1、项目 2 和项目 13，并负责全书的统稿工作；曾琴编写了项目 3、项目 4 和项目 5；谢钟扬编写了项目 6 和项目 7；周海珍编写了项目 8 和项目 9；胡宇晴编写了项目 10；左向荣编写了项目 11 和项目 12。马娜、陈梅、张东英、彭玲等老师参与了各项目的修改、补充和完善。

由于编者水平有限，书中难免会出现一些不妥之处，恳请读者不吝指正。

编　者

2023 年 4 月

目 录

项目 1　JavaScript 初体验

项目 2　JavaScript 制作简易计算器

项目 3　JavaScript 判断平年或闰年

项目 4　Window 对象

项目 5　Date 对象

项目 6　表单验证

项目 11　JavaScript 的事件与处理

项目 12　节点操作

项目 13　JavaScript 综合应用实例

项目 1

JavaScript 初体验

任务 1　先导知识：JavaScript 概述

1.1.1　JavaScript 的性质

JavaScript 是一种直译式脚本语言，是一种动态弱类型、基于原型的语言，内置对类型的支持。JavaScript 的解释器也称为 JavaScript 引擎。

JavaScript 是一种网络脚本语言，广泛应用于客户端，最早在 HTML(标准通用标记语言下的一个应用)网页上使用，用于给 HTML 网页增加动态功能，为用户提供更流畅美观的浏览效果。

JavaScript 目前被广泛用于 Web 应用开发，通常 JavaScript 脚本是通过嵌入 HTML 中来实现自身的功能的。

JavaScript 的性质可以概括如下：

(1) 是一种直译式脚本语言(代码不进行预编译)。

(2) 主要用来向 HTML 页面添加交互行为。

(3) 可以直接嵌入 HTML 页面，但写成单独的 js 文件，以利于结构和行为的分离。

(4) 在绝大多数浏览器的支持下可以在多种平台(如 Windows、Linux、Android、iOS 等)下运行。

JavaScript 脚本语言同其他语言一样，有其自身的基本数据类型、变量和表达式。JavaScript 提供了四种基本数据类型和两种特殊数据类型，用来处理数据和文字；变量提供存放信息的地方；表达式则可以完成较复杂的信息处理。

1.1.2　JavaScript 的使用场景

JavaScript 脚本语言由于其编程效率高、功能强大等特点，在表单数据合法性验证、网页特效、交互式菜单、动态页面、数值计算等方面获得了广泛的应用，甚至出现了完全使用 JavaScript 编写的基于 Web 浏览器的 Unix 操作系统 JS/UIX 和无须安装即可使用的中文输入法程序 JustInput。可见，JavaScript 脚本的编程能力不容小觑。

JavaScript 常用于以下场景。

1. 表单数据合法性验证

使用 JavaScript 脚本语言能有效地验证客户端提交的表单上的数据的合法性，若数据合法则进行下一步操作，否则返回错误提示信息，如图 1.1 所示。

图 1.1　JavaScript 用于表单校验

2. 网页特效

使用 JavaScript 脚本语言，结合 DOM 和 CSS 能创建绚丽多彩的网页特效，如各种闪烁的文字、滚动的广告图片、页面轮换效果等，如图 1.2 所示。

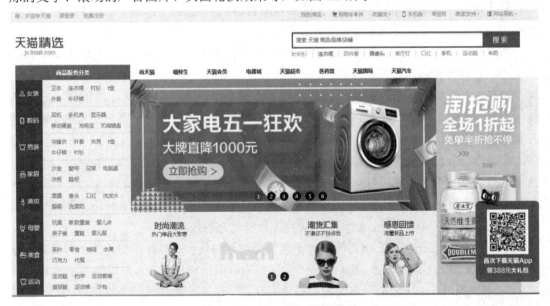

图 1.2　JavaScript 用于网页特效

3. 交互式菜单

使用 JavaScript 脚本语言可以创建具有动态效果的交互式菜单，这种菜单完全可以与用 Flash 制作的页面导航菜单相媲美，如图 1.3 所示。

图 1.3 　交互式菜单

1.1.3　JavaScript 的特点

JavaScript 是一种基于对象和事件驱动并具有相对安全性的客户端脚本语言，主要用于创建具有较强交互性的动态页面。JavaScript 主要具有如下特点：

基于对象：JavaScript 是基于对象的脚本编程语言，能通过 DOM(文档结构模型)及自身提供的对象及操作方法来实现所需的功能。

事件驱动：JavaScript 采用事件驱动方式响应键盘事件、鼠标事件及浏览器窗口事件等，并执行指定的操作。

解释性语言：JavaScript 是一种解释性脚本语言，无须专门的编译器编译，在嵌入 JavaScript 脚本的 HTML 文档载入时被浏览器逐行解释，大量节省了客户端与服务器端进行数据交互的时间。

实时性：JavaScript 事件处理是实时的，无须经服务器就可以对客户端的事件做出响应，并用处理的结果实时更新目标页面。

动态性：JavaScript 提供简单高效的语言流程，能灵活处理对象的各种方法和属性，同时及时响应文档页面的事件，实现页面的交互性和动态性。

跨平台：JavaScript 的正确运行依赖于浏览器，而与具体的操作系统无关。只要客户端装有支持 JavaScript 的浏览器，JavaScript 运行结果就能正确反映在客户端浏览器平台上。

使用简单：JavaScript 的基本结构类似于 C 语言，采用小程序段的方式进行编程，并具有简易的开发平台和便捷的开发流程，可嵌入 HTML 文档中供浏览器解释执行。同时 JavaScript 的变量类型是弱类型，使用不严格。

相对安全：JavaScript 是客户端脚本，通过浏览器解释并执行。JavaScript 不允许用户访问本地的硬盘，并且不能将数据存到服务器上，不允许对网络文档进行修改或删除，只能通过浏览器实现信息浏览或动态交互，从而有效地防止数据的丢失。

综上所述，JavaScript 是一种有较强生命力和发展潜力的脚本描述语言，它可以直接嵌入 HTML 文档中，供浏览器解释并执行，直接响应客户端事件(如验证数据表单的合法性)，调用相应的处理方法，迅速返回处理结果并更新页面，实现 Web 交互性和动态要求，同时将大部分工作交给客户端处理，将 Web 服务器的资源消耗降到最低。

1.1.4　JavaScript 的未来

尽管 JavaScript 每年都会遭受各种质疑和批评，但它仍然是世界上发展最快的编程语言之一。根据 really.com 网站收集的数据，从雇主的角度来看，JavaScript 是最受欢迎的语言之一。Stack Overflow 在 2017 年所做的调查显示，JavaScript 是最常用的编程语言，如图 1.4 所示。

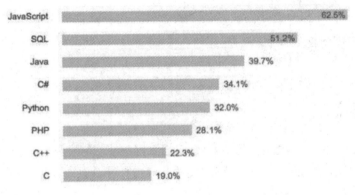

图 1.4　Stack Overflow 编程语言排名

从以上数据可以看出，JavaScript 不可能在短期内消失。在开发交互式网页时，JavaScript 仍然是最好的选择之一，而且它是所有主要浏览器都支持的编程语言。

另一个重要的细节是，JavaScript 已从一个可以将一些交互性带入网页的工具发展成为一个可以进行高效服务器端开发的工具。Node.js 是一个开放源码的运行环境，允许使用 JavaScript 创建服务器端代码。几十个基于 Node.js 的框架(如 Meteor 和 Derby)使这种技术几乎适用于任何类型的项目，并提供了构建高度可扩展的 Web 应用程序所需的功能。

1.2.1　编写"Hello World!"程序

用 JavaScript 编写的"Hello World"的程序代码如下：

```
<!DOCTYPE html PUBLIC "-//W3C//DTD XHTML 1.0 Transitional//EN" "http://www.w3.org/TR/xhtml1/
DTD/xhtml1-transitional.dtd">
```

```html
<html>
    <head>
        <meta http-equiv = "Content-Type" content = "text/html; charset = gb2312" />
        <title>JS 初体验</title>
        <!--
            描述：JS 代码需要编写到 script 标签中
        -->
        <script type = "text/javascript">
            //控制浏览器弹出一个警告框
            alert("hello world！");
            //向 body 中输出一个内容
            document.write("JS 初体验！");
        </script>
    </head>
    <body>
    </body>
</html>
```

将上述代码保存为.html(或.html)格式文件并双击打开，系统调用浏览器解释执行，运行结果如图 1.5 所示。

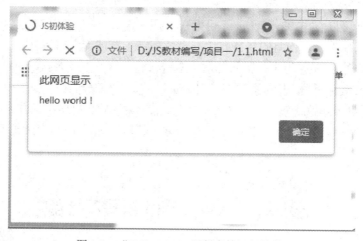

图 1.5   "Hello World!"程序的运行结果

1.2.2   编写简单的滚动字幕程序

用 JavaScript 编写的滚动字幕的程序代码：

```html
<!DOCTYPE html PUBLIC "-//W3C//DTD XHTML 1.0 Transitional//EN"
"http://www.w3.org/TR/xhtml1/DTD/xhtml1-transitional.dtd">
<html>
```

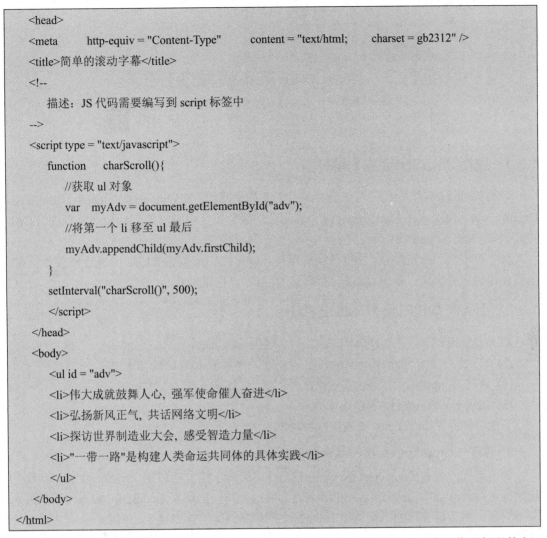

```html
<head>
<meta    http-equiv = "Content-Type"    content = "text/html;    charset = gb2312" />
<title>简单的滚动字幕</title>
<!--
    描述：JS 代码需要编写到 script 标签中
-->
<script type = "text/javascript">
    function    charScroll(){
        //获取 ul 对象
        var    myAdv = document.getElementById("adv");
        //将第一个 li 移至 ul 最后
        myAdv.appendChild(myAdv.firstChild);
    }
    setInterval("charScroll()", 500);
    </script>
</head>
<body>
    <ul id = "adv">
    <li>伟大成就鼓舞人心，强军使命催人奋进</li>
    <li>弘扬新风正气，共话网络文明</li>
    <li>探访世界制造业大会，感受智造力量</li>
    <li>"一带一路"是构建人类命运共同体的具体实践</li>
    </ul>
</body>
</html>
```

将上述代码保存为.html(或.html)格式文件并双击打开，系统调用谷歌浏览器解释执行，运行结果如图 1.6 所示。

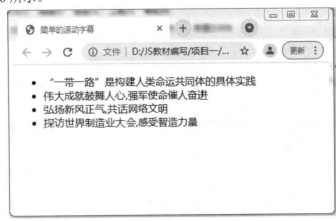

图 1.6　简单的滚动字幕的运行结果

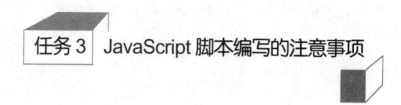

任务3 JavaScript 脚本编写的注意事项

1.3.1 选择 JavaScript 脚本编辑器

编写 JavaScript 脚本代码可以选择普通的文本编辑器，如 Windows Notepad、UltraEdit、Dreamweaver、Microsoft FrontPage 等，只要所选的编辑器能将编辑的代码最终保存为 HTML 文档类型(.htm、.html 等)即可。

如果脚本代码出现错误，可用该编辑器打开源文件(.html、.html 或 .js)进行修改并保存，重新使用浏览器浏览，重复此过程直到程序没有错误出现为止。

1.3.2 引入脚本代码到 HTML 文档中

将 JavaScript 脚本嵌入 HTML 文档中有 3 种标准方法：
(1) 将代码包含于<script>和</script>标记对，然后嵌入 HTML 文档中；
(2) 通过<script>标记的 src 属性连接外部的 JavaScript 脚本文件；
(3) 通过 JavaScript 伪 URL 地址引入。
下面分别介绍 JavaScript 脚本的几种标准引入方法。

1. 通过<script>与</script>标记对引入

浏览器载入嵌有 JavaScript 脚本的 HTML 文档时，能自动识别 JavaScript 脚本代码的起始标记<script>和结束标记</script>，并将其间的代码按照解释 JavaScript 脚本代码的方法加以解释，然后将解释的结果返回 HTML 文档并在浏览器窗口显示。例如：

```
<script language = "javascript" type = "text/javascript">
    document.write("Hello World!");
</script>
```

首先，<script>和</script>标记对将 JavaScript 脚本代码封装，同时告诉浏览器其间的代码为 JavaScript 脚本代码，然后调用 document 文档对象的 write()方法写字符串到 HTML 文档中。

2. 通过<script>标记的 src 属性引入

改写 1.2.1 小节的程序代码并保存为 test.html：

```
<! DOCTYPE HTML PUBLIC "-//W3C//DTD HTML 4.0//EN"
"http://www.w3.org/TR/REC-html140/strict.dtd">
<html>
```

```
<head>
    <title>Sample Page!</title>
</head>
<body>
    <script language = "javascript" type = "text/javascript" src = "1.js"></script>
</body>
</html>
```

同时在文本编辑器中编辑如下代码并将其保存为 1.js:

```
document.write("Hello World!");
```

将 test.html 和 1.js 文件放置于同一目录中，双击运行 test.html，运行结果与 1.2.1 小节中的运行结果一致。

可见，通过外部引入 JavaScript 脚本文件的方式也能实现同样的功能。同时，该方法具有如下优点：

(1) 将脚本程序同现有页面的逻辑结构及浏览器结果分离。通过外部脚本，可以轻易实现多个页面共用完成同一功能的脚本文件，以便通过更新一个脚本文件的内容达到批量更新的目的。

(2) 浏览器可以实现对目标脚本文件的高速缓存，避免由于引用具有同样功能的脚本代码而导致下载时间增加。

3. 通过 JavaScript 伪 URL 地址引入

在支持 JavaScript 脚本的浏览器中，可以通过 JavaScript 伪 URL 地址调用语句来引入 JavaScript 脚本代码。伪 URL 地址的一般格式如下：

```
javascript:alert("Hello World!")
```

一般以 "javascript:" 开始，后面紧跟要执行的操作。下面的代码演示如何使用伪 URL 地址来引入 JavaScript 代码：

```
<! DOCTYPE HTML PUBLIC "-//W3C//DTD HTML 4.0//EN"
"http://www.w3.org/TR/REC-html140/strict.dtd">
<html>
<head>
    <title>通过 JavaScript 伪 URL 引入</title>
</head>
<body>
<br>
<center>
    <p>伪 URL 地址引入 JavaScript 脚本代码实例：</p>
```

```
<form name = "MyForm">
    <input type = text name = "MyText" value = "鼠标点击"
    onclick = "javascript:alert('鼠标已点击文本框!')">
</form>
</center>
</body>
</html>
```

用鼠标点击文本框，系统弹出警示框，如图 1.7、图 1.8 所示。

图 1.7　警示框 1

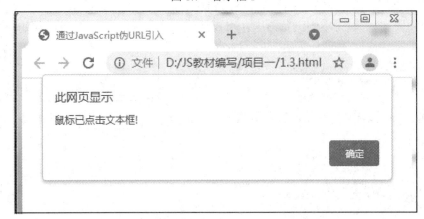

图 1.8　警示框 2

伪 URL 地址可用于文档中的任何地方，并触发任意数量的 JavaScript 函数或对象固有的方法。这种方式由于代码短小精悍，同时效果颇佳，因此在表单数据合法性验证(如验证某个字段是否符合日期格式)等方面的应用非常广泛。

1.3.3　嵌入脚本代码的位置

JavaScript 脚本代码可放在 HTML 文档中任何需要的位置。一般来说，可以在<head>与</head>标记对、<body>与</body>标记对之间按需要放置 JavaScript 脚本代码。

1. 在<head>与</head>标记对之间放置

放置在<head>与</head>标记对之间的 JavaScript 脚本代码一般用于提前载入以响应用户的动作，且不影响 HTML 文档的浏览器显示内容。其基本文档结构如下：

```
<! DOCTYPE HTML PUBLIC "-//W3C//DTD HTML 4.0//EN"
"http://www.w3.org/TR/REC-html140/strict.dtd">
<html>
<head>
    <title>文档标题</title>
    <script language = "javascript" type = "text/javascript">
        //脚本语句...
    </script>
</head>
<body>
</body>
</html>
```

2. 在<body>与</body>标记对之间放置

如果在页面载入时需要运行 JavaScript 生成网页内容，应将脚本代码放置在<body>与</body>标记对之间，可根据需要编写多个独立的脚本代码段并与 HTML 代码结合在一起。其基本文档结构如下：

```
<! DOCTYPE HTML PUBLIC "-//W3C//DTD HTML 4.0//EN"
"http://www.w3.org/TR/REC-html140/strict.dtd">
<html>
<head>
    <title>文档标题</title>
</head>
<body>
    <script language = "javascript" type = "text/javascript">
        //脚本语句...
    </script>
    //HTML 语句
    <script language = "javascript" type = "text/javascript">
        //脚本语句...
    </script>
</body>
</html>
```

课 后 习 题

1. 选择题

(1) JavaScript 是____。

A. 客户端脚本语言   B. 客户端标记语言

C. 服务器端脚本语言   D. 服务器端标记语言

(2) 关于 JavaScript 的作用，不正确的是____。

A. 访问数据库   B. 制作网页特效

C. 实现客户端表单验证   D. 实现网页交互操作

2. 简答题

(1) 简述 JavaScript 的作用。

(2) 简述并完成 JavaScript 的入门程序"hello world"和简单滚动字幕的编写。

项目 2

JavaScript 制作简易计算器

先导知识：变量、数据类型及
类型转换、函数

2.1.1 JavaScript 的变量

几乎任何一种程序语言都会引入变量(variable)，包括变量标识符、变量声明和变量作用域等内容。JavaScript 脚本语言中也涉及变量，其主要作用是存取数据以及提供存放信息的容器。在脚本开发过程中，变量为开发者与脚本程序交互的主要工具。下面分别介绍变量标识符、变量声明和变量作用域等内容。

与 C++、Java 等高级程序语言使用多个变量标识符不同，JavaScript 脚本语言使用关键字 var 作为变量标识符，其用法是在关键字 var 后面加上变量名。例如：

    var width;
    var MyData;

1. 变量声明和赋值

JavaScript 脚本语言允许开发者不先声明变量就可以直接使用，而在变量赋值时自动声明该变量。一般来说，为培养良好的编程习惯，同时为了使程序结构更加清晰易懂，建议在使用变量前对变量进行声明。

变量赋值和变量声明可以同时进行，例如下面的代码声明名为 age 的变量，同时给该变量赋初值 25：

    var age = 25;

当然，可在一句 JavaScript 脚本代码中同时声明两个以上的变量，例如：

    var age , name;

同时初始化两个以上的变量也是允许的，例如：

    var age = 35 , name ="tom";

在编写 JavaScript 脚本代码时，养成良好的变量命名习惯相当重要。规范的变量命名，不仅有助于脚本代码的输入和阅读，也有助于脚本编程错误的排除。一般情况下，应尽量使用单词组合来描述变量的含义，并可在单词间添加下画线，或者第一个单词头字母小写而后续单词首字母大写。

注意：JavaScript 脚本语言中变量名的命名需遵循一定的规则，变量名中允许包含字母、数字、下画线和美元符号，而空格和标点符号都是不允许出现的，同时也不允许出现中文变量名，且区分英文大小写。

2. 弱类型

JavaScript 脚本语言像其他程序语言一样，其变量都有数据类型。高级程序语言如 C++、

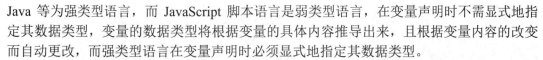

Java 等为强类型语言，而 JavaScript 脚本语言是弱类型语言，在变量声明时不需显式地指定其数据类型，变量的数据类型将根据变量的具体内容推导出来，且根据变量内容的改变而自动更改，而强类型语言在变量声明时必须显式地指定其数据类型。

变量声明时不需显式指定其数据类型既是 JavaScript 脚本语言的优点也是缺点。优点是编写脚本代码时不需要指明数据类型，使变量声明过程简单明了；缺点是有可能造成因拼写不当而引起致命的错误。

3. JavaScript 保留关键字

在 JavaScript 中，一些标识符是保留关键字，不能用作变量名或函数名。JavaScript 脚本语言中的关键字如下所示。

abstract　arguments　Boolean　break byte case catch char class* const continue debugger default delete do　double　else　enum* eval　export* extends* false　final finally float　for　function goto　if implements import*　in instanceof　int interface let long native new　null package　private　protected public　return short static　super*　switch　synchronized this　throw throws　transient true try typeof var void　volatile while　with yield

2.1.2　基本数据类型

变量包含多种类型，JavaScript 脚本语言支持的基本数据类型包括 Number 型、String 型、Boolean 型、Undefined 型、Null 型和 Function 型等，分别对应于不同的存储空间。

1. Number 型

Number 型数据即为数值型数据，包括整数型和浮点型，整数型数制可以使用十进制、八进制以及十六进制标识，而浮点型为包含小数点的实数，可用科学计数法来表示。例如：

```
var myDataA = 8;
var myDataB = 6.3;
```

上述代码分别定义值为整数 8 的 Number 型变量 myDataA 和值为浮点数 6.3 的 Number 型变量 myDataB。

2. String 型

String 型数据表示字符型数据。JavaScript 脚本语言不区分单个字符和字符串，任何字符或字符串都可以用双引号或单引号引起来。例如，下列语句中定义的 String 型变量 nameA 和 nameB 包含相同的内容：

```
var nameA = "Tom";
var nameB = 'Tom';
```

如果字符串本身含有双引号，则应使用单引号将字符串括起来；若字符串本身含有单引号，则应使用双引号将字符串引起来。一般来说，在编写脚本代码过程中，双引号或单引号的选择在整个 JavaScript 脚本代码中应尽量保持一致，以养成良好的编程习惯。

3. Boolean 型

Boolean 型数据表示的是布尔型数据，取值为 true 或 false，分别表示逻辑真和假，且任何时刻都只能使用两种状态中的一种，不能同时出现。例如，下列语句分别定义 Boolean

变量 bChooseA 和 bChooseB，并分别赋予初值 true 和 false：

```
var bChooseA = true;
var bChooseB = false;
```

值得注意的是，Boolean 型变量赋值时，不能在 true 或 false 外面加引号。例如：

```
var happyA = true;
var happyB = "true";
```

上述语句分别定义初始值为 true 的 Boolean 型变量 happyA 和初始值为字符串"true"的 String 型变量 happyB。

4. Undefined 型

Undefined 型即为未定义类型，用于不存在或者没有被赋初始值的变量或对象的属性。例如，下列语句定义变量 name 为 Undefined 型：

```
var name;
```

定义 Undefined 型变量后，可在后续的脚本代码中对其进行赋值操作，从而自动获得由其值决定的数据类型。

5. Null 型

Null 型数据表示空值，作用是表明数据空缺的值，一般在设定已存在的变量(或对象的属性)为空时较为常用。区分 Undefined 型和 Null 型数据比较麻烦，一般将 Undefined 型和 Null 型等同对待。

6. Function 型

Function 型表示函数，可以通过 new 操作符和构造函数 Function()来动态创建所需功能的函数，并为其添加函数体。例如：

```
var myFuntion = new Function(){
    //staments;
};
```

JavaScript 脚本语言除了支持上述六种基本数据类型外，也支持组合类型数据，如数组 Array 和对象 Object 等。组合类型数据我们在后续内容将详细介绍。

2.1.3 类型转换

JavaScript 变量可以转换为新变量或其他数据类型，例如字符串类型转换为数值类型。

(1) parseInt (String)：将字符串转换为整型数字。例如，parseInt ("86")将字符串"86"转换为整型值 86。

(2) parseFloat(String)：将字符串转换为浮点型数字。例如，parseInt ("34.45")将字符串"34.45"转换为浮点值 34.45。

2.1.4 函数

JavaScript 脚本语言允许开发者通过编写函数的方式组合一些可重复使用的脚本代码

块，增加了脚本代码的结构化和模块化。函数通过参数接口进行数据传递，以实现特定的功能。

函数由函数定义和函数调用两部分组成。应首先定义函数，然后再进行调用，以养成良好的编程习惯。

函数的定义应使用关键字 function，其语法规则如下：

```
function funcName ([parameters]){
    statements;
     [return 表达式;]

}
```

函数的各部分含义如下：

funcName 为函数名。函数名由开发者自行定义，与变量的命名规则基本相同。

parameters 为函数的参数。在调用目标函数时，需将实际数据传递给参数列表以完成函数特定的功能。参数列表中可定义一个或多个参数，各参数之间加逗号"，"分隔开来，当然，参数列表也可为空。

statements 是函数体，statements 规定了函数的功能，本质上相当于一个脚本程序。

return 是指定函数的返回值，为可选参数。

自定义函数一般放置在 HTML 文档的<head>和</head>标记对之间。除了自定义函数外，JavaScript 脚本语言提供了大量的内置函数，无须开发者定义即可直接调用，如 window 对象的 alert()方法即为 JavaScript 脚本语言支持的内置函数。

函数定义过程结束后，可在文档中任意位置调用该函数。引用目标函数时，只需在函数名后加上小括号即可。若目标函数需引入参数，则需在小括号内添加传递参数。如果函数有返回值，可将最终结果赋值给一个自定义的变量并用关键字 return 返回，代码如下：

```
<!DOCTYPE html>
<html>
<head>
<script>
function myFunction()
{
    alert("Hello World!");
}
</script>
</head>

<body>
<button onclick = "myFunction()">点击这里</button>
</body>
</html>
```

程序运行后，在原始页面单击"点击这里"按钮，程序弹出警告框如图 2.1 所示。

图 2.1　函数运行效果

如果函数中引用的外部函数较多或函数的功能很复杂，势必导致函数代码过长而降低脚本代码的可读性，则违反了开发者使用函数实现特定功能的初衷。因此，在编写函数时，应尽量保持函数功能的单一性，使脚本代码结构清晰、简单易懂。

任务 2　编写简易计算器程序

编写具有能对两个操作数进行加、减、乘、除运算的简易计算器程序，运行结果如图 2.2 所示。

图 2.2　简易计算器

2.2.1　方法一：自定义函数

用自定义函数的方法，编写简易计算器的程序代码如下：

```
<HTML>
<HEAD>
<META http-equiv = "Content-Type" content = "text/html; charset = gb2312">
<TITLE>计算器</TITLE>
<STYLE type = "text/css">
/*细边框的文本输入框*/
```

```
.textBaroder{
    border-width:1px;
    border-style:solid
}

</STYLE>

<SCRIPT    language = "javascript">
    function add(){
        var num1, num2;
        num1 = parseFloat(document.myform.txtNum1.value);
        num2 = parseFloat(document.myform.txtNum2.value);
        document.myform.txtResult.value = num1+num2    ;
    }
    function subtration(){
        var num1, num2;
        num1 = parseFloat(document.myform.txtNum1.value);
        num2 = parseFloat(document.myform.txtNum2.value);
        document.myform.txtResult.value = num1-num2    ;
    }
    function multiplication(){
        var num1, num2;
        num1 = parseFloat(document.myform.txtNum1.value);
        num2 = parseFloat(document.myform.txtNum2.value);
        document.myform.txtResult.value = num1*num2    ;
    }
    function    division(){
        var num1, num2;
        num1 = parseFloat(document.myform.txtNum1.value);
        num2 = parseFloat(document.myform.txtNum2.value);
        if(num2! = 0){
            document.myform.txtResult.value = num1/num2    ;
        }
    }
</SCRIPT>
</HEAD>
<BODY>
<IMG src = "images/logo.gif" width = "240" height = "31">欢迎您来淘宝！
<FORM action = "" method = "post" name = "myform" id = "myform">
```

```
<TABLE border = "0" bgcolor = "#C9E495" align = "center">
<TR>
    <TD colspan = "4"><H3><IMG src = "images/shop.gif" width = "54" height = "54">购物简易计算器
</H3></TD>
</TR>
<TR    >
    <TD    >第一个数</TD>
    <TD colspan = "3"><INPUT name = "txtNum1" type = "text" class = "textBaroder" id = "txtNum1"

size = "25"></TD>
</TR>
<TR >
    <TD>第二个数</TD>
    <TD colspan = "3"><INPUT name = "txtNum2" type = "text" class = "textBaroder" id = "txtNum2"

size = "25"></TD>
</TR>
<TR>
    <TD><INPUT name = "addButton2" type = "button" id = "addButton2" value = "   ＋   "

onClick = " add()"></TD>
    <TD><INPUT name = "subButton2" type = "button" id = "subButton2" value = "   —   "

onClick = "subtration()"></TD>
    <TD><INPUT name = "mulButton2" type = "button" id = "mulButton2" value = "   ×   "

onClick = "multiplication()"></TD>
    <TD><INPUT name = "divButton2" type = "button" id = "divButton2" value = "   ÷   "

onClick = "division()"></TD>
</TR>
<TR>
    <TD>计算结果</TD>
    <TD colspan = "3"><INPUT name = "txtResult" type = "text" class = "textBaroder"

id = "txtResult" size = "25"></TD>
    </TR>
</TABLE>
</FORM>
</BODY>
</HTML>
```

2.2.2 方法二：自定义带参数的函数

用自定义带参数的函数的方法，编写简易计算器的程序代码如下：

```
<SCRIPT language = "JavaScript">
    function compute(op)
    {
        var num1, num2;
        num1 = parseFloat(document.myform.txtNum1.value);
        num2 = parseFloat(document.myform.txtNum2.value);
        if (op == "+")
            document.myform.txtResult.value = num1+num2  ;
        if (op == "-")
            document.myform.txtResult.value = num1-num2  ;
        if (op == "*")
            document.myform.txtResult.value = num1*num2  ;
        if (op == "/"&&   num2 != 0)
            document.myform.txtResult.value = num1/num2  ;
    }
</SCRIPT>
```

程序解读：

参数代表了运算符号。定义两个变量存储被加数和加数，获取两个文本框的值并进行类型转换，最后根据运算符号进行计算，并将结果放入结果文本框。

带参数函数的调用：

```
<FORM action = "" method = "post" name = "myform" id = "myform">
...
<TR>
    <TD><INPUT name = "addButton2" type = "button"
        id = "addButton2" value = "  +  "onClick = "compute('+')">
    </TD>
    <TD><INPUT name = "subButton2" type = "button"
        id = "subButton2" value = "  −  "onClick = "compute('-')">
    </TD>
    <TD><INPUT name = "mulButton2" type = "button"
        id = "mulButton2" value = "  ×  "onClick = "compute('*')">
    </TD>
    <TD><INPUT name = "divButton2" type = "button"
        id = "divButton2" value = "  ÷  "onClick = "compute('/')">
    </TD>
```

```
    </TR>
    …
    </FORM>
```

课 后 习 题

1. 选择题

(1) 分析 JavaScript 语句 str = "This apple costs" + 5 + 0.5;，执行后 str 的结果是 _____。

A. "This apple costs"5.5　　　　　B. This apple costs50.5

C. "This apple costs"50.5　　　　　D. This apple costs5.5

(2) JavaScript 的表达式 parseInt("8") + parseInt('8')的结果是 _____。

A. 8+8　　　　B. 88　　　　C. 16　　　　D. "8"+'8'

(3) 分析下面的 JavaScript 代码段：

```
var a = [2, 3, 4, 5, 6];
sum = 0;
for(i = 1; i<a.length; i++)
    sum += a[i];
document.write(sum);
```

输出结果是 _____。

A. 18　　　　B. 12　　　　C. 20　　　　D. 14

(4) 以下选项中 JavaScript 函数能实现的是 _____。

A. 返回一个值　　B. 接受参数　　C. 处理业务　　D. 以上都可以

(5) 在 JavaScript 中，数组的 _____ 属性能够返回数组元素的个数。

A. length　　　　B. push　　　　C. count　　　　D. size

(6) 分析下面的 JavaScript 代码段：

```
var x = "15";
str = x+5;
a = parseFloat(str);
document.write(a);
```

执行完的结果是 _____。

A. 20　　　　B. NaN　　　　C. 155　　　　D. 20.0

2. 简答题

(1) 简述 JavaScript 与 Java 基本语法有哪些相同和不同之处。

(2) 在 JavaScript 中，如何定义和调用一个函数？函数在使用过程中的注意事项？

项目 3

JavaScript 判断平年或闰年

任务 1　先导知识：运算符号和基本处理流程语句

3.1.1　运算符号

编写 JavaScript 脚本代码过程中，对目标数据进行运算操作需要用到运算符。JavaScript 脚本语言支持的运算符包括赋值运算符、基本数学运算符、自加和自减、比较运算符、逻辑运算符、?...: 运算符和 typedof 运算符等。

1. 赋值运算符

常用的 JavaScript 脚本语言的赋值运算符包含"="" += ""−=""*=""/=""%=",汇总如表 3.1 所示。

表 3.1　赋值运算符

运算符	举例	简要说明
=	m = n	将运算符右边变量的值赋给左边变量
+=	m += n	将运算符两侧变量的值相加并将结果赋给左边变量
−=	m −= n	将运算符两侧变量的值相减并将结果赋给左边变量
*=	m*= n	将运算符两侧变量的值相乘并将结果赋给左边变量
/=	m /= n	将运算符两侧变量的值相除并将整除的结果赋给左边变量
%=	m% = n	将运算符两侧变量的值相除并将余数赋给左边变量

2. 基本数学运算符

JavaScript 脚本语言中基本的数学运算包括加、减、乘、除以及取余等，其对应的数学运算符分别为"+""−""*""/"和"%"等，如表 3.2 所示。

表 3.2　基本数学运算符

数学运算符	举例	简要说明
+	m = 5 + 5	将两个数据相加，并将结果返回操作符左侧的变量
−	m = 9 − 4	将两个数据相减，并将结果返回操作符左侧的变量
*	m = 3 * 4	将两个数据相乘，并将结果返回操作符左侧的变量
/	m = 20/5	将两个数据相除，并将结果返回操作符左侧的变量
%	m = 14%3	求两个数据相除的余数，并将结果返回操作符左侧的变量

3. 自加和自减

自加运算符 "++" 和自减运算符 "--" 分别用于将操作数加 1 或减 1。值得注意的是，自加和自减运算符放置在操作数的前面和后面其含义不同。运算符写在变量名前面，则返回值为自加或自减前的值；而写在后面，则返回值为自加或自减后的值。代码如下：

```
<script>
window.onload = function ()
{
    var oBody = document.body;
    var i = 0;
    setInterval(updateNum, 1000);
    updateNum();
    function updateNum()
    {
        oBody.innerHTML = ++i
    }
}
</script>
```

程序运行后，效果如图 3.1 所示。

4

图 3.1 自加运行效果

由程序运行的效果可以看出：

(1) 若自加(或自减)运算符放置在操作数之后，则执行该自加(或自减)操作时，先将操作数的值赋值给运算符前面的变量，然后操作数自加(或自减)；

(2) 若自加(或自减)运算符放置在操作数之前，则执行该自加(或自减)操作时，操作数先进行自加(或自减)，然后将操作数的值赋值给运算符前面的变量。

4. 比较运算符

JavaScript 脚本语言中用于比较两个数据的运算符称为比较运算符，包括 "==" "!=" ">" "<" "<=" ">=" 等，其具体作用见表 3.3。

表 3.3 比 较 运 算 符

运算符	举 例	作 用
==	num == 8	相等，若两数据相等，则返回布尔值 true，否则返回 false
!=	num! = 8	不相等，若两数据不相等，则返回布尔值 true，否则返回 false
>	num > 8	大于，若左边数据大于右边数据，则返回布尔值 true，否则返回 false
<	num < 8	小于，若左边数据小于右边数据，则返回布尔值 true，否则返回 false

运算符	举 例	作 用
> =	num >= 8	大于或等于，若左边数据大于或等于右边数据，则返回布尔值 true，否则返回 false
< =	num <= 8	小于或等于，若左边数据小于或等于右边数据，则返回布尔值 true，否则返回 false

比较运算符主要用于数值判断及流程控制等方面。代码如下：

```
<! DOCTYPE HTML PUBLIC "-//W3C//DTD HTML 4.0//EN"
"http://www.w3.org/TR/REC-html140/strict.dtd">
<html>
<head>
<title>Sample Page!</title>
<script language = "JavaScript" type = "text/javascript">
    //响应按钮的 onclick 事件处理程序
    function Test(){
        var myAge = prompt("请输入您的年龄(数值) : ", 25);
        var msg = "\n 年龄测试 : \n\n";
        msg += "年龄 : "+myAge+" 岁\n";
        if(myAge < 18)
            msg += "结果 : 您处于青少年时期! \n";
        if(myAge >= 18&&myAge<30)
            msg += "结果 : 您处于青年时期! \n";
        if(myAge >= 30&&myAge<55)
            msg += "结果 : 您处于中年时期! \n";
        if(myAge >= 55)
            msg += "结果 : 您处于老年时期! \n";
        alert(msg);
    }
</script>
</head>
<body bgColor = "green">
<center>
<form>
<input type = button value = "运算符测试" onclick = "Test()">
</form>
</center>
</body>
</html>
```

程序运行后，在原始页面中单击"运算符测试"按钮，弹出提示框，提示用户输入相关信息，如图 3.2 所示。

图 3.2 提示框

在上述提示框中输入相关信息(如年龄 35)后，单击"确定"按钮，弹出警告框，如图 3.3 所示。

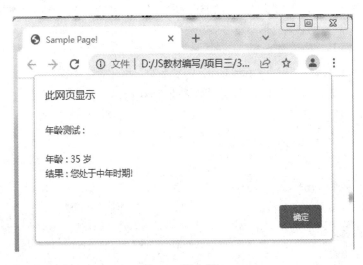

图 3.3 警告框 1

可以看出，脚本代码先采集用户输入的数值，然后通过比较运算符进行判定，再做出相对应的操作，以实现程序流程的有效控制。

注意：比较运算符 "=="与赋值运算符"="截然不同，前者用于比较运算符前后的两个数据，主要用于数值比较和流程控制；后者用于将运算符后面的变量的值赋予运算符前面的变量，主要用于变量赋值。

5. 逻辑运算符

JavaScript 脚本语言的逻辑运算符包括 "&&""||""!"等，用于两个逻辑型数据之间的操作，其返回值的数据类型为布尔型。逻辑运算符的功能如表 3.4 所示。

表 3.4　逻 辑 运 算 符

运算符	举　例	作　用
&&	num < 5& &num > 2	逻辑与，如果符号两边的操作数为真，则返回 true，否则返回 false
‖	num < 5 ‖ num > 2	逻辑或，如果符号两边的操作数为假，则返回 false，否则返回 true
!	!num < 5	逻辑非，如果符号右边的操作数为真，则返回 false，否则返回 true

逻辑运算符一般与比较运算符捆绑使用，用于引入多个控制的条件，以控制 JavaScript 脚本代码的流向。

6. ?...:运算符

在 JavaScript 脚本语言中，"?...:"运算符用于创建条件分支。在动作较为简单的情况下，?...:运算符比 if…else 语句更加简便，其语法结构如下：

```
(condition)?statementA:statementB;
```

载入上述语句后，首先判断条件 condition，若结果为真则执行语句 statementA，否则执行语句 statementB。值得注意的是，由于 JavaScript 脚本解释器将分号";"作为语句的结束符，因此 statementA 和 statementB 语句均必须为单个脚本代码，若使用多个语句则程序会报错。例如，载入下列代码，测浏览器在解释执行时就得不到正确的结果：

```
(condition)?statementA:statementB; ststementC;
```

考察下列简单的分支语句：

```
var age = prompt("请输入您的年龄(数值) : ", 25);
var contentA = "\n 系统提示 ：\n 对不起，您未满 18 岁，不能浏览该网站！\n";
var contentB = "\n 系统提示 ：\n 点击"确定"按钮，注册网上商城开始欢乐之旅！"
if(age<18)
{
    alert(contentA);
}
else{
    alert(contentB);
}
```

程序运行后，页面中弹出提示框，提示用户输入年龄，并根据输入值决定后续操作。例如，在提示框中输入整数 17，然后单击"确定"按钮，则弹出警告框，如图 3.4 所示。

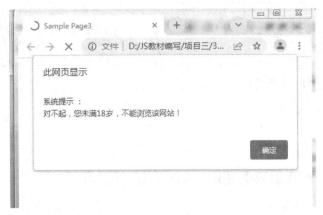

图 3.4 警告框 2

若在提示框中输入整数 24，然后单击"确定"按钮，则弹出警告框，如图 3.5 所示。

图 3.5 警告框 3

上述语句中的条件分支语句完全可以由"?...:"运算符简单表述：

```
(age<18)?alert(contentA):alert(contentB);
```

可以看出，使用"?...:"运算符进行简单的条件分支，语法简单明了，但若要实现较为复杂的条件分支，则推荐使用 if…else 语句或者 switch 语句。

7. typeof 运算符

typeof 运算符用于表明操作数的数据类型，返回数值类型为一个字符串。在 JavaScript 脚本语言中，typeof 运算符的格式如下：

```
var myString = typeof(data);
```

这里用一个实例对 typeof 运算符进行考察，代码如下：

```
<script    type = "text/javascript">
document.write("<h2>对变量或值调用 typeof 运算符返回值：</h2>");
var width, height = 10, name = "rose";
var arrlist = new Date();
document.write(typeof(width)+"<br>");
document.write(typeof(height)+"<br>");
document.write(typeof(name)+"<br>");
document.write(typeof(true)+"<br>");
```

```
document.write(typeof(null)+"<br>");
document.write(typeof(arrlist));
</script>
```

程序运行后，出现如图 3.6 所示的页面。

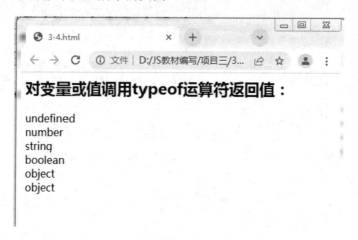

图 3.6　typeof 运算符运行效果

可以看出，使用关键字 var 定义变量时，若不指定其初始值，则变量的数据类型默认为 undefined。同时，若在程序执行过程中，变量被赋予其他隐性的包含特定数据类型的数值时，其数据类型也随之发生更改。

3.1.2　基本处理流程语句

基本处理流程就是对数据结构的处理流程。在 JavaScript 里，基本处理流程包含三种结构，即顺序结构、选择结构和循环结构。

顺序结构即按照语句出现的先后顺序依次被系统执行，是 JavaScript 脚本程序中最基本的结构，如图 3.7 所示。

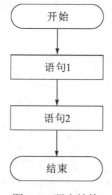

图 3.7　顺序结构

选择结构即按照给定的逻辑条件来决定执行顺序，可以分为单向选择、双向选择和多向选择。无论是单向还是多向选择，程序在执行过程中都只能执行其中一条分支。单向选择和双向选择结构如图 3.8 所示。

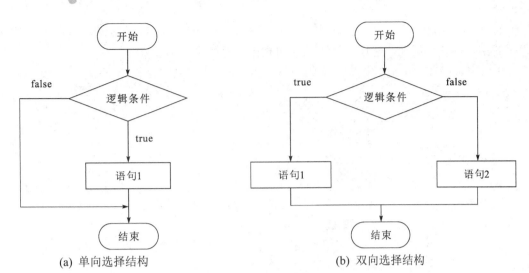

(a) 单向选择结构　　　　　　　　　(b) 双向选择结构

图 3.8　选择结构

循环结构即根据代码的逻辑条件来判断是否重复执行某一段程序。若逻辑条件为 true，则重复执行，即进入循环，否则结束循环。循环结构可分为条件循环和计数循环，如图 3.9 所示。

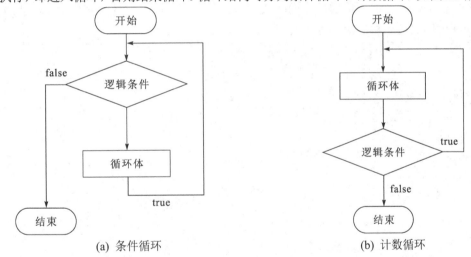

(a) 条件循环　　　　　　　　　(b) 计数循环

图 3.9　循环结构

一般而言，在 JavaScript 脚本语言中，程序总体是按照顺序结构执行的，而在顺序结构中可以包含选择结构和循环结构。

1. if 条件假设语句

if 条件假设语句是比较简单的一种选择结构语句，若给定的逻辑条件表达式为真，则执行一组给定的语句。其基本结构如下：

```
if(conditions){
    statements;
}
```

逻辑条件表达式 conditions 必须放在小括号里，且仅当该表达式为真时执行大括号内包含的语句，否则将跳过该条件语句而执行其下的语句。大括号内的语句可为一个或多个，当仅有一个语句时，大括号可以省略。一般而言，为养成良好的编程习惯，同时增强程序代码的结构性和可读性，建议使用大括号将指定执行的语句括起来。

if 后面可增加 else 进行扩展，即组成 if…else 语句，其基本结构如下：

```
if(conditions){
    statement1;
}else{
    statement2;
}
```

当逻辑条件表达式 conditions 的运算结果为真时，执行 statement1 语句(或语句块)，否则执行 statement2 语句(或语句块)。

if(或 if…else)结构可以嵌套使用来表示所示条件的一种层次结构关系。值得注意的是，嵌套时应重点考虑各逻辑条件表达式所表示的范围。

2. switch 流程控制语句

在 if 条件假设语句中，逻辑条件只能有一个，如果有多个条件，可以使用嵌套的 if 语句来解决，但此种方法会增加程序的复杂度，并降低程序的可读性。若使用 switch 流程控制语句就可以完美地解决此问题，其基本结构如下：

```
switch (a)
{
    case a1:
        statement 1;
        [break;]
    case a2:
        statement 2;
        [break];
      …
    default:
        [statement n;]
}
```

其中，a 是数值型或字符型数据。首先将 a 的值与 a1，a2，…进行比较，若 a 与其中某个值相等，则执行相应数据后面的语句，且当遇到关键字 break 时，程序跳出 statement n 语句，并重新进行数值比较；若找不到与 a 相等的值，则执行关键字 default 下面的语句。

测试代码如下：

```
<!DOCTYPE html>
<html>
<body>

<p>点击下面的按钮来显示今天是周几：</p>
```

```html
<button onclick = "myFunction()">点击这里</button>

<p id = "demo"></p>

<script>
function myFunction()
{
    var x;
    var d = new Date().getDay();
    switch (d)
    {
      case 0:
        x = "Today it's Sunday";
        break;
      case 1:
        x = "Today it's Monday";
        break;
      case 2:
        x = "Today it's Tuesday";
        break;
      case 3:
        x = "Today it's Wednesday";
        break;
      case 4:
        x = "Today it's Thursday";
        break;
      case 5:
        x = "Today it's Friday";
        break;
      case 6:
        x = "Today it's Saturday";
        break;
    }
    document.getElementById("demo").innerHTML = x;
}
</script>

</body>
</html>
```

程序运行后，在原始页面中单击"测试"按钮，将弹出提示框，提示用户输入相关信息，例如输入 12，单击"确定"按钮提交，弹出警告框，如图 3.10 所示。

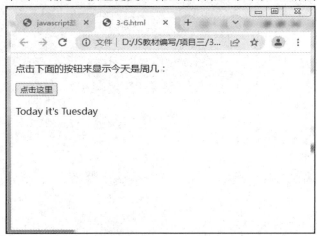

图 3.10　警告框 4

3. for 循环语句

for 循环语句是循环结构语句，按照指定的循环次数，循环执行循环体内语句(或语句块)，其基本结构如下：

```
for(initial condition; test condition; alter condition){
    statements;
}
```

循环控制代码(即小括号内的代码)内各参数的含义如下：

initial condition：表示循环变量的初始值。

test condition：为控制循环结束与否的条件表达式，程序每执行完一次循环体内语句(或语句块)，均要计算该表达式是否为真。若结果为真，则继续运行下一次循环体内语句(或语句块)；若结果为假，则跳出循环体。

alter condition：指循环变量更新的方式，程序每执行完一次循环体内语句(或语句块)，均需要更新循环变量。

上述循环控制参数之间使用分号";"间隔开来。代码如下：

```
<!DOCTYPE html>
<html>
<body>
<p>点击下面的按钮，循环遍历对象 "person" 的属性。</p>
<button onclick = "myFunction()">点击这里</button>
<p id = "demo"></p>

<script>
function myFunction()
{
```

```
    var x;
    var txt = "";
    var person = {fname:"Bill", lname:"Gates", age:56};


    for (x in person)
    {
        txt = txt + person[x];
    }


    document.getElementById("demo").innerHTML = txt;
}
</script>
</body>
</html>
```

上述函数被调用后，弹出警告框，如图 3.11 所示。

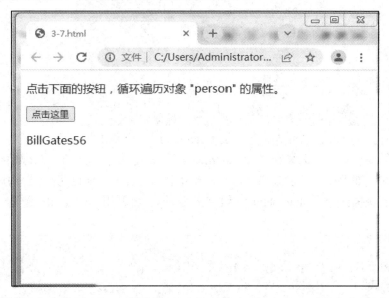

图 3.11　警告框 5

4. while 和 do-while 循环语句

while 语句与 if 语句相似，均为条件控制语句(或语句块)，其语法结构基本相同，代码如下：

```
while(conditions){
    statements;
}
```

while 语句与 if 语句的不同之处在于：在 if 条件假设语句中，若逻辑条件表达式为真，则运行 statements 语句(或语句块)，且仅运行一次；while 循环语句则是在逻辑条件表达式为真的情况下反复执行循环体内包含的语句(或语句块)。

注意：while 语句的循环变量的赋值语句在循环体前，循环变量更新则放在循环体内，而 for 循环语句的循环变量赋值和更新语句都在 for 后面的小括号中，在编程中应注意二者的区别。

例如：

```
<!DOCTYPE html>
<html>
<body>

<script>
cars = ["BMW", "Volvo", "Saab", "Ford"];
var i = 0;
while (cars[i])
{
    document.write(cars[i] + "<br>");
    i++;
}
</script>

</body>
</html>
```

在某些情况下，while 循环大括号内的 statements 语句(或语句块)可能一次也不被执行，因为对逻辑条件表达式的运算在执行 statements 语句(或语句块)之前。若逻辑条件表达式的运算结果为假，则程序直接跳过循环，一次也不执行 statements 语句(或语句块)。

若希望至少执行一次 statements 语句(或语句块)，可改用 do…while 语句，其基本语法结构如下：

```
do {
    statements;
}while(condition);
```

do…while 的参考代码如下：

```
<!DOCTYPE html>
<html>
<body>

<p>点击下面的按钮，只要 i 小于 5 就一直循环代码块。</p>
<button onclick = "myFunction()">点击这里</button>
<p id = "demo"></p>
```

```
<script>
function myFunction()
{
    var x = "", i = 0;
    do
    {
        x = x + "The number is " + i + "<br>";
        i++;
    }
    while (i<5)
    document.getElementById("demo").innerHTML = x;
}
</script>


</body>
</html>
```

for、while、do…while 三种循环语句具有基本相同的功能，在实际编程中应根据实际需要并本着使程序简单易懂的原则来选择。

5. break 和 continue 语句

在循环语句中，在某些情况下需要跳出循环或者跳过循环体内剩余的语句，而直接执行下一次循环，此时需要通过 break 和 continue 语句来实现。break 语句的作用是立即跳出循环；continue 语句的作用是停止正在进行的循环，直接进入下一次循环。代码如下：

```
<script language = "JavaScript" type = "text/javascript">
    var msg = "\n 使用 break 和 continue 控制循环  :\n\n";
    //响应按钮的 onclick 事件处理程序
    function Test(){
        var n = -1;
        var iArray = ["YSQ", "JHX", "QZY", "LJY", "HZF", "XGM", "LJY", "LHZ"];
        var iLength = iArray.length;
        msg += "数组长度  : \n "+iLength+"\n";
        msg += "数组元素  : \n";
        while(n < iLength){
            n += 1;
            if(n == 3)
                continue;
            if(n == 6)
                break;
            msg += "iArray["+n+"] = "+iArray[n]+"\n";
```

```
        }
        alert(msg);
    }
</script>
<input type = button value = "测试" onclick = "Test()">
```

程序运行后，在原始页面中单击"测试"按钮，弹出警告框，如图 3.12 所示。

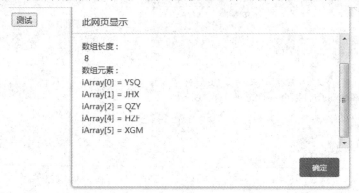

图 3.12 警告框 6

从测试代码和运行结果可以看出：

当 n = 3 时，跳出当前循环而直接进行下一个循环，故 iArray[3]显示；

当 n = 6 时，直接跳出 while 循环，不再执行余下的循环，故 iArray[5]之后的数组元素不显示。

在编写 JavaScript 脚本代码过程中，应根据实际需要来选择使用哪一种循环语句，并确保在使用了循环控制语句 continue 和 break 后循环不会出现任何差错。

 任务2 编写程序判断平年或闰年

根据用户输入的年份，编写可以判断平年或闰年的程序代码，程序代码的运行效果如图 3.13 所示。

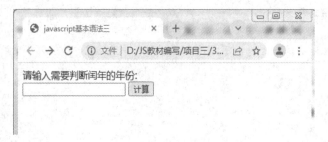

图 3.13 运行结果

用 JavaScript 脚本语言编写的判断平年或闰年的程序代码如下：

```
<HTML>
<HEAD>
<META http-equiv = "Content-Type" content = "text/html; charset = gb2312">
<TITLE>javascript 基本语法</TITLE>
<SCRIPT type = "text/javascript" language = "javascript">
function cal(){
    var value = document.form.txtYear.value
    var year = parseInt(value);    //类型转换
    if ( year% 4 == 0   &&   !(year % 100 == 0)   ||   year % 400==0 ) {    //判断是否为闰年
        document.write(year+"年是闰年");    //闰年的输出
        document.write("<A href = 'js4.html'>重新输入</A>");
    } else {
        document.write(year+"年是平年");    //平年的输出
    }
}
</SCRIPT>
</HEAD>
<BODY>
<FORM action = "" method = "get" name = "form">
请输入需要判断闰年的年份:<BR>
<INPUT name = "txtYear" type = "text"    maxlength = "4">
<INPUT name = "sub" type = "button" value = "计算"    onClick = "cal()"><BR>
</FORM>
</BODY>
</HTML>
```

课 后 习 题

1. 选择题

(1) 作为 if...else 语句的第一行，下列选项中_____是正确的。

A. if(x = 2)　　　　　B. if(y < 7)　　　　　C. else　　　　　D. if(x == 2&&)

(2) 下列关于 switch 语句的描述中，_____是正确的。

A. switch 语句中 default 子句是可以省略的

B. switch 语句中 case 子句的语句序列中必须包含 break 语句

C. switch 语句中 case 子句后面的表达式可以是含有变量的整型表达式

D. switch 语句中子句的个数不能过多

(3) 在条件和循环语句中，使用_____来标记语句组。

A. 圆括号( )　　　　　　B. 方括号[ ]　　　　　　C. 花括号{ }　　　D. 大于号>

(4) 下列选项中_____可以作为 for 循环的有效第一行。

A. for(x = 1; x < 6; x += 1)　　　　　　　　B. for(x == 1; x < 6; x +=1)

C. for(x = 1; x = 6; x += 1)　　　　　　　　D. for(x += 1; x < 6; x = 1)

2. 简答题

简述 continue 和 break 关键字的作用。

3. 编程题

(1) 编写程序，通过用户输入的年龄判断此人是哪个年龄段的人(儿童年龄 < 14；14<= 青少年年龄 < 24；24 < 青年年龄 < 40；40 <= 中年年龄 < 60；老年年龄 >= 60)，页面上输出判断结果。

(2) 在页面上输出以下数字图案：

```
1
1 2
1 2 3
1 2 3 4
1 2 3 4 5
```

其中，每行的数字之间有一个空格间隔。

项目 4

Window 对象

任务1　先导知识：DOM、Window
对象的属性和方法、其他内置对象

4.1.1　文档对象模型(DOM)概述

DOM 的全称为 Document Object Model，意思即为文档对象模型。

当网页被加载时，浏览器会按照 HTML 文档的结构，将网页中的元素逐一读取，构建成 HTML 对象。HTML 中的所有元素构建成的对象组成整个 HTML 文档的文档对象模型(DOM)。

HTML DOM 被构建成与 HTML 文档结构一致的对象树，如图 4.1 所示。

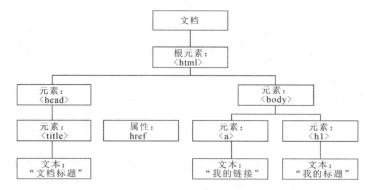

图 4.1　对象树

节点树中的节点彼此拥有层级关系，如图 4.2 所示。

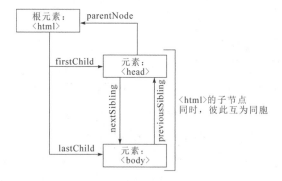

图 4.2　节点层级关系

父(parent)、子(child)和同胞(sibling)等术语用于描述这些关系。父节点拥有子节点。同级的子节点被称为同胞(兄弟或姐妹)。

在节点树中，顶端节点被称为根(root)；每个节点都有父节点、除了根(它没有父节点)；一个节点可拥有任意数量的子；同胞是拥有相同父节点的节点。

4.1.2　JavaScript 的 Window 对象

　　Window 对象为浏览器窗口对象，为文档提供一个显示的容器。当浏览器载入目标文档时，打开浏览器窗口的同时，创建 Window 对象的实例，Web 应用程序开发者可通过 JavaScript 引用该实例，从而进行诸如获取窗口信息、设置浏览器窗口状态或新建浏览器窗口等操作。同时，Window 对象提供一些方法产生图形用户界面中用于客户与页面进行交互的对话框，并能通过脚本获取其返回值然后决定浏览器后续行为。

　　由于 Window 对象是顶级对象模型中的最高级对象，对当前浏览器的属性和方法，以及当前文档中任何元素的操作都默认以 Window 对象为起始点，并按照对象的继承顺序进行访问和相关操作，所以在访问这些目标时，可将引用 Window 对象的代码省略掉。如在需要给客户以警告信息的场合调用 Window 对象的 alert()方法产生警告框，可以直接使用 alert(targetStr)语句，而不需要使用 window.alert(targetStr)。但在框架集或者父子窗口通信时，须明确指明要发送消息的窗口名称。

　　Window 对象有很多的属性和方法供我们调用，表 4.1、表 4.2 列举了 Window 对象常用的属性和方法。

表 4.1　Window 对象的常用属性

属　性	描　述
closed	返回窗口是否已被关闭
defaultStatus	设置或返回窗口状态栏中的默认文本
document	对 Document 对象的只读引用
history	对 History 对象的只读引用
innerheight	返回窗口的文档显示区的高度
innerwidth	返回窗口的文档显示区的宽度
length	设置或返回窗口中的框架数量
location	用于窗口或框架的 Location 对象
name	设置或返回窗口的名称
Navigator	对 Navigator 对象的只读引用
opener	返回对创建此窗口的窗口的引用
outerheight	返回窗口的外部高度
outerwidth	返回窗口的外部宽度
pageXOffset	设置或返回当前页面相对于窗口显示区左上角的 X 位置
pageYOffset	设置或返回当前页面相对于窗口显示区左上角的 Y 位置
parent	返回父窗口
Screen	对 Screen 对象的只读引用
self	返回对当前窗口的引用。等价于 Window 属性
status	设置窗口状态栏的文本
top	返回最顶层的先辈窗口

表 4.2　Window 对象的常用方法

方　法	描　　述
alert()	显示带有一段消息和一个确认按钮的警告框
blur()	把键盘焦点从顶层窗口移开
clearInterval()	取消由 setInterval() 设置的 timeout
clearTimeout()	取消由 setTimeout() 方法设置的 timeout
close()	关闭浏览器窗口
confirm()	显示带有一段消息以及确认按钮和取消按钮的对话框
createPopup()	创建一个 pop-up 窗口
focus()	把键盘焦点给予一个窗口
moveBy()	可相对窗口的当前坐标把它移动指定的像素
moveTo()	把窗口的左上角移动到一个指定的坐标
open()	打开一个新的浏览器窗口或查找一个已命名的窗口
print()	打印当前窗口的内容
prompt()	显示可提示用户输入的对话框
resizeBy()	按照指定的像素调整窗口的大小
resizeTo()	把窗口的大小调整到指定的宽度和高度
scrollBy()	按照指定的像素值来滚动内容
scrollTo()	把内容滚动到指定的坐标
setInterval()	按照指定的周期(以毫秒计)来调用函数或计算表达式
setTimeout()	在指定的毫秒数后调用函数或计算表达式

4.1.3　其他对象概述

1. Screen 对象

在 Web 应用程序中，为某种特殊目的，如固定文档窗口相对于屏幕尺寸的比例、根据显示器的颜色位数选择需要加载的目标图片等都需要先获得屏幕的相关信息。Screen 对象提供了 height 和 width 属性用于获取客户屏幕的高度和宽度信息，如分辨率为 1024×768 的显示器，调用这两个属性后分别返回 1024 和 768 至系统。并不是所有的屏幕区域都可以用来显示文档窗口，如任务栏等。为此，Screen 对象提供了 availHeight 和 availWidth 属性来返回客户端屏幕的可用显示区域。一般来说，Windows 操作系统的任务栏默认在屏幕的底部，也可以被拖动到屏幕的两侧或者顶部。假定屏幕的分辨率为 1024×768，当任务栏在屏幕的底部或者顶部时，其占据的屏幕区域大小为 1024×30；当任务栏被拖动到屏幕两侧时，其占据的屏幕区域大小为 60×768。表 4.3 列出了 Screen 对象的常用属性。

表 4.3　Screen 对象的常用属性

属　　性	简　要　说　明
availHeight	返回客户端屏幕分辨率中可用的高度(像素)
availWidth	返回客户端屏幕分辨率中可用的宽度(像素)
height	返回客户端屏幕分辨率中的高度(像素)
width	返回客户端屏幕分辨率中的宽度(像素)

通过 Screen 对象的属性获得屏幕的相关信息后，结合 Window 对象有关窗口移动、更改尺寸的属性，可准确定位目标窗口。在实际应用中如将窗口最大化、设定窗口位置等。下面我们看关于 Screen 对象的示例。

```
<!DOCTYPE html>
<html>
<body>


<script>


document.write("可用宽度：" + screen.availWidth);
document.write("可用高度：" + screen.availHeight);
</script>


</body>
</html>
```

在页面中单击"初始化浏览器窗口"按钮，按照 InitWindow()函数设定的参数值初始化目标窗口。通过 Window 对象的 moveTo()方法将窗口移动到(200, 200)位置，并通过其 resizeTo()方法改变目标窗口大小为 480×320，单位均为像素值。

单击"将浏览器窗口居中"按钮，JavaScript 通过 Screen 对象的 width 和 height 属性及窗口的宽度和高度计算窗口居中时其左上顶点的坐标，通过 Window 对象的 moveTo()方法将目标窗口居中。

单击"全屏化浏览器窗口"按钮，触发 MaxWindow()函数，调用其支持的属性，通过 Window 对象的 moveTo()和 resizeTo()方法将目标窗口最大化。

Screen 对象保存了客户端屏幕的相关信息，与文档本身相关程度较弱。下面介绍在顶级对象模型中与浏览器浏览网页后保存已访问页面和所在位置相关信息的 History 对象和 Location 对象。

2. History 对象

在顶级对象模型中，History 对象处于 Window 对象的下一个层次，主要用于跟踪浏览器最近访问的历史 URL 地址列表。除了 NN4+中使用签名脚本并得到用户许可的情况之外，该历史 URL 地址列表并不能由 JavaScript 显示读出，而只能通过调用 History 对象的方法模仿浏览器的动作来实现访问页面之间的漫游。

1）back()和 forward()

History 对象提供 back()、forward()和 go()方法来实现站点页面的导航。back()和 forward()方法实现的功能分别与浏览器工具栏中"后退"和"前进"导航按钮相同，而 go()方法则可接受合法参数，并将浏览器定位到由参数指定的历史页面。这三种方法触发脚本检测浏览器的历史 URL 地址记录，然后将浏览器定位到目标页面，整个过程与文档无关。

站点导航是 back()和 forward()方法应用最为广泛的场合，可以想象在没有工具栏或菜单栏的页面(如用户注册进程中间页面等)中设置导航按钮的必要性。如果在网站中的每一个页面或者大部分页面中加入下面两句代码，则可以实现类似于浏览器前进和后退功能的页面导航。

```
<input type = "button" value = "前进" onclick = "history.forward()"/>
<input type = "button" value = "返回" onclick = "history.back()"/>
```

值得注意的是，History 对象的 back()和 forward()方法只能通过目标窗口或框架的历史 URL 地址记录列表分别向后和向前延伸，两者互为平衡。这两种方法有个显著的缺点，就是只能实现历史 URL 地址列表的顺序访问，而不能实现有选择的访问。为此，History 对象引入了 go()方法实现历史 URL 地址列表的选择访问。

2）go()

History 对象提供另外一种站点导航的方法即 history.go(index|URLString)，该方法可接受两种形式的参数：

• 参数 index 传入导航目标页面与当前页面之间的相对位置，正整数值表示向前，负整数值表示向后。

• 参数 URLString 表示历史 URL 列表中目标页面的 URL，要使 history.go(URLString)方法有效，则 URLString 必须存在于历史 URL 列表中。

History 对象的 go()方法可传入参数 0 并设置合适的间隔时间计时器来实现文档页面重载。同时，history.go(-1)等同于 history.back()，history.go(1)等同于 history.forward()。

实际应用中，由于历史 URL 地址列表对用户而言一般为不可见的，所以其相对位置不确定，很难使用除-1、1 和 0 之外的参数调用 go()方法进行准确的站点页面导航。

理解了保存浏览器访问历史 URL 地址信息的 History 对象，下面介绍与浏览器当前文档 URL 信息相关的 Location 对象。

3. Location 对象

Location 对象在顶级对象模型中处于 Window 对象的下一个层次，用于保存浏览器当前打开的窗口或框架的 URL 信息。如果窗口含有框架集，则浏览器的 Location 对象保存其父窗口的 URL 信息，同时每个框架都有与之相关联的 URL 信息。在深入了解 Location 对象之前，先简单介绍 URL 的概念。

1）统一资源定位器(URL)

URL(Uniform Resource Locator，统一资源定位器)是 Internet 上用来描述信息资源的字符串，主要用在各种 WWW 客户程序和服务器程序上。采用 URL 可以用一种统一的格式来描述各种信息资源，包括文件、服务器地址和目录等。

URL 常见格式如下：

```
protocol://hostname[:port]/[path][?search][#hash]
```

参数的意义如下：

protocol：指访问 Internet 资源和服务的网络协议。常见的协议有 Http、Ftp、File、Telnet、Gopher 等。

hostname：指要访问的资源和服务所在的主机对应的域名，由 DNS 负责解析。如 www.baidu.com、www.lenovo.com 等。

port：指网络协议所使用的 TCP 端口号，此参数可选，并且在服务器端可自由设置。如 Http 协议常使用 80 端口等。

path：指要访问的资源和服务相对于主机的路径，此参数可选。假设目标页面"query.cgi"相对于主机 hostname 的位置为/MyWeb/htdocs/，访问该页面的网络协议为 Http，则通过 http://hostname/MyWeb/htdocs/query.cgi 进行访问。

search：指 URL 中传递的查询字符串。该字符串通过环境变量 QUERY_STRING 传递给 CGI 程序，并使用问号(?)与 CGI 程序相连，若有多项查询目标，则使用加号(+)连接，此参数可选。例如，要在"query.cgi"中查询 name、number 和 code 信息，可通过语句 http://hostname/MyWeb/htdocs/query.cgi?name+number+code 实现。

hash：表示指定的文件偏移量，包括散列号(#)和该文件偏移量相关的位置点名称，此参数可选。例如，要创建与位置点"MyPart"相关联的文件部分的链接，可在链接的 URL 后添加"#MyPart"。

URL 是 Location 对象与目标文档之间联系的纽带。Location 对象提供的方法可通过传入的 URL 将文档装入浏览器，并通过其属性保存 URL 的各项信息，如网络协议、主机名、端口号等。

2) Location 对象属性与方法

浏览器载入目标页面后，Location 对象的诸多属性保存了该页面 URL 的所有信息，其常用属性、方法如表 4.4 所示。

表 4.4　Location 对象的属性和方法

类型	项　目	简　要　说　明
属性	hash	保存 URL 的散列参数部分，将浏览器引导到文档中锚点
	host	保存 URL 的主机名和端口部分
	hostname	保存 URL 的主机名
	href	保存完整的 URL
	pathname	保存 URL 完整的路径部分
	port	保存 URL 的端口部分
	protocol	保存 URL 的协议部分，包括协议之后的冒号
	search	保存 URL 的查询字符串部分
方法	assign(URL)	将以参数传入的 URL 赋予 Location 对象或其 href 属性
	reload()	重载(刷新)当前页面

3) 页面跳转和刷新

通过改变 Location 对象的 href 属性值可以实现页面跳转，类似于用户手工在地址栏输入其他地址然后按回车键从而载入其他页面，同时也可以调用 Location 对象的 reload()方法可以刷新当前页面。我们看下面的简单例子：

```
<input type = "button" value = "刷新" onclick = "location.reload()"/>
<input type = "button" value = "去到首页" onclick = "location.href = 'index.html';"/>
```

上面例子中，第一个按钮用于刷新当前页面，第二个按钮用于将页面转向到首页 index.html。

4. Document 对象

Document 对象包括当前浏览器窗口或框架内区域中的所有内容，包含文本域、按钮、单选框、复选框、下拉框、图片、链接等 HTML 页面可访问元素，但不包含浏览器的菜单栏、工具栏和状态栏。Document 对象其常用属性、方法如表 4.5 所示。

表 4.5　Document 对象的属性和方法

类型	项　目	简 要 说 明
属性	referrer	返回载入当前文档的来源文档的 URL
	URL	返回当前文档的 URL
方法	getElementById()	返回对拥有指定 id 的第一个对象的引用
	getElementsByName()	返回带有指定名称的对象的集合
	getElementsByTagName()	返回带有指定标签名的对象的集合
	write()	向文档写文本、HTML 表达式或 JavaScript 代码

判断页面是否由链接进入，如果不是则程序自动跳转到登录页面，代码如下：

```
var preUrl = document.referrer;   //载入本页面文档的地址
if(preUrl == "")
{
    document.write("<h2>您不是从领奖页面进入，5秒后将自动跳转到登录页面</h2>");
    setTimeout("javascript:location.href = 'login.html'", 5000);
}
```

想要获得文档的标题，则可以使用 Document 对象的 title 属性，代码如下：

```
var title = document.title;
```

想要向文档中写入内容，则可以使用 write()方法，代码如下：

```
document.write("hello JavaScript!");
```

想要获得文档最后修改时间，可以使用 lastModified 属性，代码如下：

```
alert(document.lastModified);
```

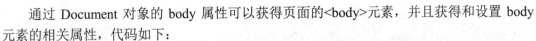

　　通过 Document 对象的 body 属性可以获得页面的\<body\>元素，并且获得和设置 body 元素的相关属性，代码如下：

```
//修改页面背景色
document.body.bgColor = "red";
//返回页面左边与水平滚动条左端之间的距离
var left = document.body.scrollLeft;
//返回页面顶部与垂直滚动条顶部之间的距离
var top = document.body.scrollTop;
```

任务2　打开注册页面程序

　　点击用户注册超链接，打开新的注册页面，如图 4.3 所示。

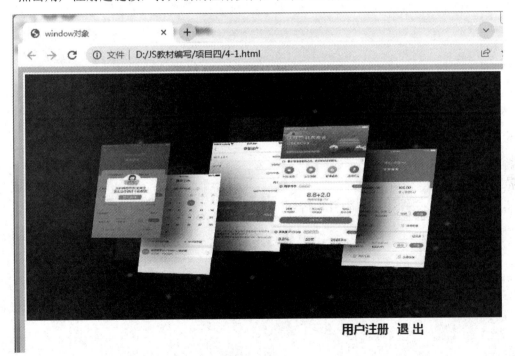

图 4.3　注册页面

　　结合本项目所学 Window 对象的相关知识点，用 JavaScript 脚本语言编写打开注册页面程序代码如下：

```
<HTML>
<HEAD>
```

```
<META http-equiv = "Content-Type" content = "text/html; charset = gb2312">
<TITLE>window 对象</TITLE>
<SCRIPT language = "javascript">
function openwindow( )
{
    if (window.screen.width == 1024 && window.screen.height == 768)
        window.showModalDialog("register.html", "注册窗口", "toolbars = 0, location = 0, statusbars = 0,
menubars = 0, width = 700, height = 550, scrollbars = 1");
    else
        window.alert("请设置分辨率为 1024x768，然后再打开");
}
function closewindow( )
{
    if(window.confirm("您确认要退出系统吗？"))
    window.close( );
}
</SCRIPT>
<STYLE type = "text/css">
<!--
/*设置无下画线的超链接样式*/
{
    color: blue;
    text-decoration: none;
    }
    A:hover{ /*鼠标在超链接上悬停时变为颜色*/
    color: red;
    }
-->
</STYLE>
</HEAD>
<BODY bgcolor = "#CCCCCC">
<TABLE border = "0" align = "center" bgcolor = "#FFFFFF">
    <TR>
        <TD colspan = "3"><IMG src = "images/11.jpg" width = "761" height = "389"></TD>
    </TR>
    <TR>
        <TD width = "502">
```

```
  </TD>
    <TD width = "86" valign = "top"><H3><A href = "javascript: openwindow( ) ">用户注册
</A></H3>
    </TD>
    <TD width = "263" valign = "top"><H3><A href = "javascript: closewindow( ) ">退 出</A> </H3>
    </TD>
  </TR>
</TABLE>
</BODY>
</HTML>
```

将上述代码保存为 .html 文件并双击打开，系统调用谷歌浏览器解释执行。

课 后 习 题

1. 选择题

(1) 通过样式表修改字体大小的属性是_____。

A. fontsize   B. font_size

C. fontSize   D. font-Size

(2) 已知页面上有一个名为"关闭图片"按钮，需关闭图片<img src = "ss.jpg" id = "dd">，假设按钮的 onclick 事件的函数是 doClose，下面对该函数的描述正确的是_____。

A. document.getElementByName("dd").style.display = "none";

B. document.getElementByTag("dd").style.display = "none";

C. document.getElementByName("dd").style.display = "block";

D. document.getElementById("dd").style.display = "none";

(3) 在 HTML 页面中有一个按钮控件：

    <INPUT NAME = "MyButton" TYPE = "BUTTON" Value = "点击我" onclick = "deal();"/>

在 JavaScript 脚本中有如下语句:

    function deal(){

        document.bgColor = "red";

    }

当按下该按钮时，会发生_____。

A. 将按钮的名字变成红色

B. 将当前页背景设为红色

C. 在当前页中显示 "red"

D. 打开新窗口，其背景色是红色

2. 简答题

(1) 简述 DOM 概念所包含的主要内容有哪几部分。

(2) 简述节点的分类主要有哪些。

(3) 简述 Window 对象常见的属性和方法有哪些。

(4) 编写程序能以不同方式打开广告窗口。

项目 5

Date 对象

任务 1　先导知识：JavaScript 的
内置对象、Date 对象

5.1.1　内置对象

JavaScript 提供了丰富的内置对象，包括同基本数据类型相关的对象(如 String、Boolean、Number)、允许创建用户自定义和组合类型的对象(如 Object、Array)和其他能简化 JavaScript 操作的对象(如 Math、Date、Function)。

JavaScript 作为一门基于对象的编程语言，以其简单、快捷的对象操作获得 Web 应用程序开发者的首背，而其内置的几个核心对象，则构成了 JavaScript 脚本语言的基础。主要核心对象如表 5.1 所示。

表 5.1　常见内置对象

核心对象	附 加 说 明
Array	提供一个数组模型，用来存储大量有序的类型相同或相似的数据，将同类的数据组织在一起进行相关操作
Boolean	对应于原始逻辑数据类型，其所有属性和方法继承自 Object 对象。当值为真表示 true，值为假则表示 false
Date	提供了操作日期和时间的方法，可以表示从微秒到年的所有时间和日期。使用 Date 读取日期和时间时，其结果依赖于客户端的时钟
Function	提供构造新函数的模板，JavaScript 中构造的函数是 Function 对象的一个实例，通过函数名实现对该对象的引用
Math	内置的 Math 对象可以用来处理各种数学运算，且定义了一些常用的数学常数，如 Math 对象的实例的 PI 属性返回圆周率 π 的值。各种运算被定义为 Math 对象的内置方法，可直接调用
Number	对应于原始数据类型的内置对象，对象的实例返回某数值类型
Object	包含由所有 JavaScript 对象所共享的基本功能，并提供生成其他对象如 Boolean 等对象的模板和基本操作方法
RegExp	表述了一个正则表达式对象，包含了由所有正则表达式对象共享的静态属性，用于指定字符或字符串的模式
String	和原始的字符串类型相对应，包含多种方法实现字符串操作如字符串检查、抽取子串、连接两个字符串甚至将字符串标记为 HTML 等

5.1.2　Date 对象

在 Web 应用中，经常碰到需要处理时间和日期的情况。JavaScript 内置了核心对象 Date，

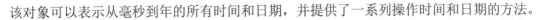

该对象可以表示从毫秒到年的所有时间和日期，并提供了一系列操作时间和日期的方法。

1．生成日期对象实例

Date 对象的构造函数通过可选的参数，可生成表示过去、现在和将来的 Date 对象。其构造方式有四种，代码分别如下：

```
var MyDate = new Date();
var MyDate = new Date(milliseconds);
var MyDate = new Date(string);
var MyDate = new Date(year, month, day, hours, minutes, seconds, milliseconds);
```

第一句生成一个空的 Date 对象实例 MyDate，可在后续操作中通过 Date 对象提供的诸多方法来设定其时间，如果不设定时间则代表客户端当前日期；在第二句的构造函数中传入唯一参数 milliseconds，表示构造与 GMT 标准零点相距 milliseconds 毫秒的 Date 对象实例 MyDate；第三句构造一个用参数 string 指定的 Date 对象实例 MyDate，其中 string 为表示期望日期的字符串，符合特定的格式；第四句通过具体的日期属性，如 year、month 等构造指定的 Date 对象实例 MyDate。考察如下代码：

```
<html>
<head>
<script type = "text/javascript">
function startTime(){
    var today = new Date()
    var h = today.getHours()
    var m = today.getMinutes()
    var s = today.getSeconds()
    // add a zero in front of numbers<10
    m = checkTime(m)
    s = checkTime(s)
    document.getElementById('txt').innerHTML = h+":"+m
    +":"+s
    t = setTimeout('startTime()', 500)
}
function checkTime(i){
    if (i<10)
    {i = "0" + i}
    return i
}
</script>
</head>
<body onload = "startTime()">
<div id = "txt"></div>
```

```
</body>
</html>
```

运行上面的程序，运行的结果如图 5.1 所示。

图 5.1　程序运行的结果

该程序分为如下几步：

(1) 获取日期的小时；

(2) 获取日期的分；

(3) 获取日期的秒。

注意：欧美时间制中，星期及月份数都从 0 开始计数。如星期中第 0 天为 Sunday，第 6 天为 Saturday；月份中的第 0 月为 January，第 11 月为 December。但月的天数从 1 开始计数。

2. Date 对象的值的范围

Date 对象的值的范围如表 5.2 所示。

表 5.2　常见内置对象

值	整　数
Seconds 和 minutes	0 至 59
Hours	0 至 23
Day	0 至 6(星期几)
Date	1 至 31(月份中的天数)
Months	0 至 11(一月至十二月)

3. 获取和设置日期各字段

Date 对象以目标日期与 GMT 标准零点之间的毫秒数来储存该日期，给脚本程序员操作 Date 对象带来一定的难度。为解决这个难题，JavaScript 提供大量的方法而不是通过直接设置或读取属性的方式来设置和提取日期各字段，这些方法将毫秒数转化为对用户友好的格式。下面的程序显示如何调用这些方法获得和设置日期各个部分的值。

```
<script language = "JavaScript" type = "text/javascript">
    var days = ["日","一","二","三","四","五","六"];
    //创建一个日期对象，为当前系统时间
    var date = new Date();
    //设置日期的年月日时分秒
```

```
    date.setYear(2022);
    date.setMonth(2);
    date.setDate(4);
    date.setHours(14);
    date.setMinutes(35);
    date.setSeconds(41);
    var msg = "";
    //获得日期的年月日时分秒
    msg += date.getYear() + "年";
    //因为月份从 0 开始, 所以实际月份需要加 1
    msg += date.getMonth() + 1 + "月";
    msg += date.getDate() + "日 ";
    msg += date.getHours() + "时";
    msg += date.getMinutes() + "分";
    msg += date.getSeconds() + "秒 ";
    //获得星期
    msg += "星期" + days[date.getDay()];
    document.write(msg);
</script>
```

运行上面的程序, 输出结果为 "2022 年 3 月 4 日 14 时 35 分 41 秒 星期五"。

 任务 2　在页面上显示时间

在网页上显示年月日、星期几、时分秒, 并判断是上午、下午还是晚上。

5.2.1　静态时间程序编写

使用 JavaScript 脚本语言编写时间的静态显示程序如下:

```
<HTML>
<HEAD>
<META http-equiv = "Content-Type" content = "text/html; charset = gb2312">
<TITLE>date 对象</TITLE>
<SCRIPT language = "javaScript">
function disptime( )
{
    var now = new Date( );
```

```
    var hour = now.getHours();
    if (hour >= 0 && hour <= 12)
        document.write("<H2>上午好!</H2>")
    if (hour > 12 && hour <= 18)
        document.write("<H2>下午好!</H2>");
    if (hour > 18 && hour <24)
        document.write("<H2>晚上好!</H2>");
    document.write("<H2>今天日期:" + now.getFullYear() + "年" + (now.getMonth( ) + 1) + "月" +
now.getDate() + "日</H2>");
    document.write("<H2>现在时间:" + now.getHours() + "点" + now.getMinutes( ) + "分</H2>");
}
</SCRIPT>
<BODY onload = "disptime( )">
</BODY>
</HTML>
```

将上述代码保存为.html 文件并双击打开，系统调用谷歌浏览器解释执行，程序运行结果如图 5.2 所示。

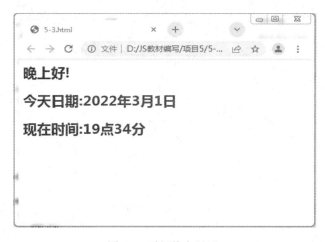

图 5.2　时间静态显示

5.2.2　动态显示时间程序

使用 JavaScript 脚本语言编写时间的动态显示程序如下：

```
<HTML>
<HEAD>
<META http-equiv = "Content-Type" content = "text/html; charset = gb2312">
<TITLE>settimeout 方法</TITLE>
<SCRIPT language = "JavaScript">
<!--
```

```
function disptime( )
{
    var time = new Date( );              //获得当前时间
    var hour = time.getHours( );         //获得小时、分钟、秒
    var minute = time.getMinutes( );
    var second = time.getSeconds( );
    var apm = "AM";                      //默认显示上午: AM
    if (hour > 12)                       //按 12 小时制显示
    {
        hour = hour-12;
        apm = "PM"   ;
    }
    if (minute < 10)                     //如果分钟只有 1 位，补 0 显示
        minute = "0" + minute;
    if (second < 10)                     //如果秒数只有 1 位，补 0 显示
        second = "0" + second;
    /*设置文本框的内容为当前时间*/
    document.myform.myclock.value = hour + ":" + minute + ":"+second + "" + apm;
    /*设置定时器每隔 1 秒(1000 毫秒)，调用函数 disptime()执行，刷新时钟显示*/
    var myTime = setTimeout("disptime()", 1000);
}
//-->
</SCRIPT>
<STYLE type = "text/css">
<!--
/*设置样式：无边框的文本框*/
INPUT {
    font-size: 30px;
    border-style:none ;
    background-color:#FF8B3B;
}
-->
</STYLE>
</HEAD>
<BODY onload = "disptime( )">
<FORM NAME = "myform">
<TABLE width = "100%" border = "0" align = "center">
    <TR>
    <TD colspan = "3"><IMG src = "images/mosou.jpg" width = "1001" height = "457"></TD>
```

```
    </TR>
    <TR>
        <TD width = "37%"> </TD>
        <TD width = "41%"><H2>当前时间：
    <INPUT name = "myclock" type = "text"    value = "" size = "10">
    </H2></TD>
        <TD width = "22%"> </TD>
    </TR>
</TABLE>
</FORM >
</BODY>
</HTML>
```

将上述代码保存为 .html 文件并双击打开，系统调用谷歌浏览器解释执行，结果如图 5.3 所示。

图 5.3　时间动态显示

课 后 习 题

简答题

(1) 什么是 Date 对象？

(2) Date 对象能做什么？

(3) Date 对象年月日、星期几、时分秒的值的范围是多少？

(4) 接收用户输入的特定格式的日期(如 2021-05-03)，显示该日期对应为星期几。

项目 6

表单验证

任务 1 先导知识：String 对象、
表单验证

6.1.1 JavaScript 的 String 对象

String 对象是和原始字符串数据类型相对应的 JavaScript 内置对象，属于 JavaScript 核心对象之一，主要提供诸多方法实现字符串检查、抽取子串、字符串连接、字符串分隔等字符串相关操作。

String 的语法如下：

```
var MyString = new String();
var MyString = new String(string);
```

该方法使用关键字 new 返回一个使用可选参数"string"字符串初始化的 String 对象的实例 MyString，用于后续的字符串操作。

String 对象拥有多个属性和方法，其常用属性和方法如表 6.1 所示。

表 6.1　字符串对象的属性和方法

名　称	说　明
length	返回字符串长度
charAt(num)	用于返回参数 num 指定索引位置的字符。如果参数 num 不是字符串中的有效索引位置则返回-1
charCodeAt(num)	与 charAt()方法相同，但其返回字符编码值
concat(string2)	把参数 string2 传入的字符串连接到当前字符串的末尾并返回新的字符串
fromCharCode(num)	返回传入参数 num 字符编码值对应的字符
indexOf(string, num) indexOf(string)	返回通过字符串值传入的字符串 string 出现的位置
lastIndexOf()	参数与 indexOf 相同，功能相似，索引方向相反
replace(regExpression, string2)	查找目标字符串中通过参数传入的规则表达式指定的字符串，若找到匹配字符串，返回由参数字符串 string2 替换匹配字符串后的新字符串

续表

名　　称	说　　明
split(separator)	据参数传入的规则表达式 regexpression 或分隔符 separator 来分隔目标字符串，并返回字符串数组
substring(num1, num2) substring(num)	返回目标字符串中指定位置的字符串
toLowerCase()	将字符串的全部字符转化为小写
toUpperCase()	将字符串的全部字符转化为大写
valueOf()	返回 String 对象的原始值

6.1.2　使用 String 对象方法操作字符串

使用 String 对象的方法来操作目标对象并不操作对象本身，而只是返回包含操作结果的字符串。例如要设置改变某个字符串的值，必须要定义该字符串等于将对象实施某种操作的结果。考察如下计算字符串长度的程序代码：

```
<html>
<body>
<script type = "text/javascript">
var txt = "Hello World!"
document.write(txt.length)
</script>
</body>
</html>
```

运行上面的程序，运行的结果如图 6.1 所示。

图 6.1　计算字符串长度程序运行的结果

调用 String 对象的方法语句 MyString.toUpperCase()运行后，并没有改变字符串 MyString 的内容，要使用 String 对象的 toUpperCase()方法改变字符串 MyString 的内容，必须将使用 toUpperCase()方法操作字符串的结果返回给原字符串，代码如下：

```
MyString = MyString.toUpperCase();
```

通过以上语句操作字符串后，字符串的内容才真正被改变。String 对象的其他方法也具有此种特性。

注意：String 对象的 toLowerCase()方法与 toUpperCase()方法的语法相同、作用类似，不同点在于前者将目标串中所有字符转换为小写状态并返回结果给新的字符串。在表单数据验证时，如果文本域不考虑字符的大小写，可先将其全部字符转换为小写(当然也可大写)状态再进行相关验证操作。

6.1.3 获取目标字符串长度

字符串的长度 length 作为 String 对象的唯一属性，且为只读属性，它返回目标字符串(包含字符串里面的空格)所包含的字符数。获取目标字符串长度的程序代码如下：

```
function StringTest(){
    var MyString = new String("Welcome to JavaScript world!");
    var strLength = MyString.length;
    var msg = "获取目标字符串的长度:\n\n"
    msg += "访问方法: var strLength = MyString.length\n\n";
    msg += "原始字符串  内容 :" + MyString + "\n";
    msg += "原始字符串  长度 :" + strLength + "\n\n";
    MyString = "This is the New string!";
    strLength = MyString.length;
    msg += "改变内容的字符串  内容 :" + MyString + "\n";
    msg += "改变内容的字符串  长度 :" + strLength + "\n";
    alert(msg);
}
```

运行上面的程序，运行的结果如图 6.2 所示。

图 6.2　获取目标字符串的长度

在上面的程序代码中，脚本语句如下：

```
strLength = MyString.length;
```

将 MyString 的 length 属性保存在变量 strLength 中，并且其值随着字符串内容的变化更新。

6.1.4 查找字符串

在 String 对象中，可以通过 indexOf()方法和 lastIndexOf()方法查找一个子串在另一个字符串中的位置，返回的是从 0 开始的下标，如果不存在，则返回-1。这两个方法的用法类似，不同的是 indexOf()方法从前向后查找，查找第一个匹配的子串，而 lastIndexOf()则相反，从后向前查找第一个匹配的子串所在下标。下面我们来看这个例子：

```html
<html>
<body>

<script type = "text/javascript">

var str = "Hello world!"
document.write(str.indexOf("Hello") + "<br />")
document.write(str.indexOf("World") + "<br />")
document.write(str.indexOf("world"))

</script>

</body>
</html>
```

上述代码定义了两个字符串，在字符串 str 中查找指定字符出现的下标，程序运行的结果如图 6.3 所示。

图 6.3 查找子串运行的结果

6.1.5　截取字符串

在 String 对象中使用 substring()方法可以进行字符串的截取，其语法如下：

```
str.substring(startIndex, endIndex)
```

此方法代码中，第一个参数为必填项，表示从当前下标位置开始截取字符串，如果没有第二个参数，则表示截取到字符串的末尾；如果有第二个参数，则第二个参数表示截取的结束下标。我们看下面的简单例子：

```
<script type = "text/JavaScript">
    var str = "abcdefg";
    var subStr = str.substring(1, 3);
    alert(subStr);
</script>
```

上述代码对字符串 str 进行截取，从下标为 1 的字符开始截取，即从字符 b 开始并且包括字符 b，到下标为 3 的位置结束，即到字符 d 结束并且不包含字符 d。所以 substring()方法进行字符截取，包括开始位置字符而不包括结束位置字符，程序运行的结果为 bc。

6.1.6　分隔字符串

String 对象提供 split()方法来进行字符串的分隔操作。split()方法根据通过参数传入的规则表达式或分隔符来分隔调用此方法的字符串。split()方法的语法如下：

```
String.split(separator, num);
String.split(separator);
String.split(regexpression, num);
```

如果传入的是一个规则表达式 regexpression，则该表达式由定义如何匹配的 pattern 和 flags 组成；如果传入的是分隔符 separator，则分隔符是一个字符串或字符，使用它将调用此方法的字符串分隔开，num 表示返回的子串数目，无此参数则默认为返回所有子串。考察如下代码：

```
<script type = "text/JavaScript">
    var str = "aaa-bbb-ccc-ddd";
    var array = str.split("-");
    for(var i = 0; i<array.length; i++){
        alert(array[i]);
    }
</script>
```

上述代码将一个带格式的字符串，通过连接符"–"进行拆分，拆分为一个字符串数组，将返回的字符串数组循环显示出来，显示结果为 aaa、bbb、ccc、ddd。

在 JavaScript 脚本程序编写过程中，String 对象是最为常见的处理目标，用于存储较短的数据。

6.1.7 表单验证

无论是动态网站，还是其他 B/S 结构的系统都离不开表单。表单作为客户端向服务器端提交数据的主要载体，表单验证是避免提交的数据不合法的重要途径。

客户端验证实际是直接在已下载到本地的页面中调用脚本来进行验证，它不但能检查用户输入的无效或者错误数据，还能检查用户遗漏的必选项。

表单在提交的时候会触发一个事件——submit 事件，该事件会在提交的时候触发，可以通过<form>标签的 onsubmit 属性进行绑定和设置，这样在表单提交的时候可以执行相关的事件函数，如图 6.4 所示。

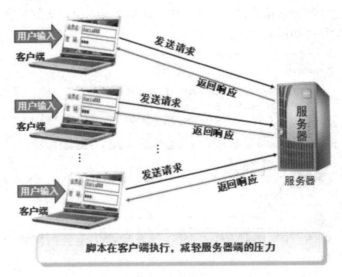

图 6.4 表单验证

表单的作用则是提交数据到服务器，如果用户填写的数据不规范，则提交到后台的数据可能影响后台程序的运行，为了保证数据的规范性，可以在提交表单时对表单进行数据验证。所以在提交表单前可以对表单或其他脚本中的数据进行一些预先验证，可以在表单的 onsubmit 事件处理程序调用的函数中完成这一工作。如果验证发现了一些不正确的数据或空白域，那么就可以根据验证函数的结果取消提交。为了控制这个提交，onsubmit 事件处理程序必须求值得到 return true(允许继续提交)或 return false(取消提交)。它不仅需要调用的函数返回 true 或 false，而且 return 关键字必须是最终值的一部分。

以常见的注册表单为例，表单验证的内容主要包括以下几种类型：

(1) 检查表单元素是否为空(如登录名不能为空)。

(2) 验证是否为数字(如出生日期中的年月日必须为数字)。

(3) 验证用户输入的电子邮箱地址是否有效(如电子邮箱地址中必须有"@"和"."字符)。

(4) 检查用户输入的数据是否在某个范围之内(如出生日期的月份必须在 1～12 之间，日期必须在 1～31 之间)。

(5) 验证用户输入的信息长度是否足够(如输入的密码必须大于等于 6 个字符)。

实际上，在设计表单时，还会因情况不同而遇到其他很多不同的问题，这就需要我们

自己去定义一些规定和限制。

任务 2　电子邮箱的验证

6.2.1　格式验证

编写验证电子邮件的格式程序，其中电子邮箱不能为空，必须包含@符号和.符号。电子邮箱的格式效果图如图 6.5 所示。

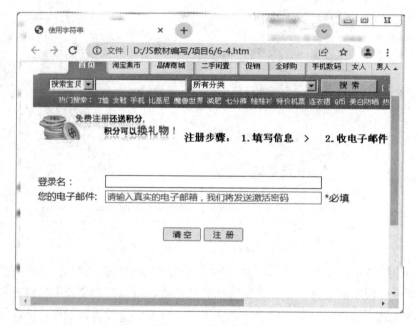

图 6.5　电子邮箱验证

验证电子邮件的格式程序进行分析：

(1) 获取表单元素的值(String 类型)，然后进行判断。

(2) 表单 FORM 的提交事件 onsubmit。

验证电子邮件的格式程序代码如下：

```
<SCRIPT LANGUAGE = "JavaScript">
    function checkEmail( ) {
        var strEmail = document.myform.txtEmail.value;
        if (strEmail.length == 0)
        {
            alert("电子邮件不能为空!");
            return false;
```

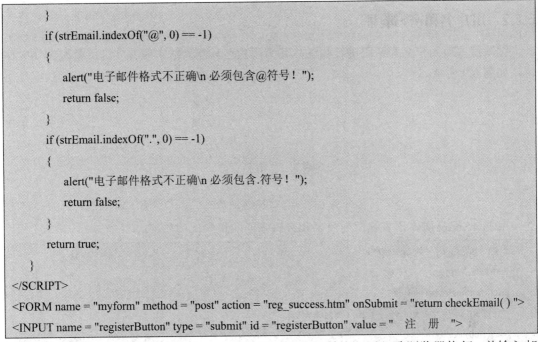

```
        }
        if (strEmail.indexOf("@", 0) == -1)
        {
            alert("电子邮件格式不正确\n 必须包含@符号！");
            return false;
        }
        if (strEmail.indexOf(".", 0) == -1)
        {
            alert("电子邮件格式不正确\n 必须包含.符号！");
            return false;
        }
        return true;
    }
</SCRIPT>
<FORM name = "myform" method = "post" action = "reg_success.htm" onSubmit = "return checkEmail( ) ">
<INPUT name = "registerButton" type = "submit" id = "registerButton" value = "  注  册  ">
```

将上述的程序代码保存为 .html 文件并双击打开，系统调用谷歌浏览器执行，并输入邮箱，当邮箱格式错误时，程序运行的结果如图 6.6～图 6.8 所示。

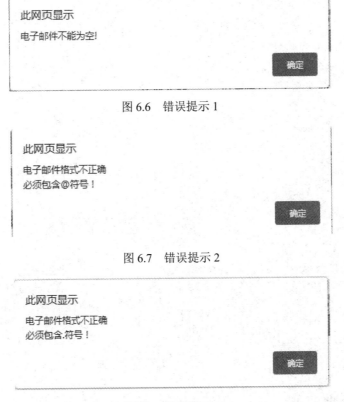

图 6.6　错误提示 1

图 6.7　错误提示 2

图 6.8　错误提示 3

6.2.2 用户名和密码验证

编写程序对用户名和密码进行验证，其中用户名只能为数字或者字母，密码为 6～16 位，如图 6.9 所示。

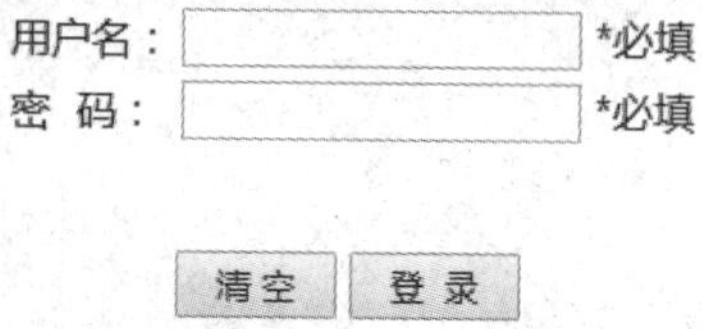

用户名：		*必填
密　码：		*必填

清　空　　登　录

图 6.9 用户名和密码验证

用 JavaScript 脚本语言编写用户名和密码验证的程序代码如下：

```
<SCRIPT language = "JavaScript">
    //validate Name
    function checkUserName(){
        var fname = document.myform.txtUser.value;
        if(fname.length != 0){
            for(i=0; i<fname.length; i++){
                var ftext = fname.substring(i, i+1);
                if(ftext < 9 || ftext > 0){
                    alert("名字中包含数字 \n"+"请删除名字中的数字和特殊字符");
                    return false
                }
            }
        }
        else{
            alert("未输入用户名 \n" + "请输入用户名");
            return false
        }
        return true;
    }
    function passCheck(){
        var userpass = document.myform.txtPassword.value;
        if(userpass == ""){
            alert("未输入密码 \n" + "请输入密码");
            return false;
        }
        // Check if password length is less than 6 charactor.
        if(userpass.length < 6){
```

```
        alert("密码必须多于或等于 6 个字符。\n");
        return false;
    }
    return true;
}
function validateform(){
    if(checkUserName()&&passCheck())
        return true;
    else
        return false;
}
</SCRIPT>
```

6.2.3　多种表单控件验证

较为完整的表单验证示例，其程序代码如下：

```
<script type = "text/javascript">
    function check(){
        /*名字的验证*/
        var user = document.getElementById("fname").value;
        if(user == ""){
            alert("名字不能为空");
            return false;
        }
        for(var i = 0; i < user.length; i++){
            var j = user.substring(i, i+1)
            if(j >= 0){
                alert("名字中不能包含数字");
            }
        }
        /*姓氏的验证*/
        var lname = document.getElementById("lname").value;
        if(lname == ""){
            alert("姓氏不能为空");
            return false;
        }
        for(var i = 0; i < lname.length; i++){
            var j = lname.substring(i, i+1)
            if(j >= 0){
```

```
                alert("姓氏中不能包含数字");
            }
        }
        /*验证密码*/
        var pwd = document.getElementById("pass").value;
        if(pwd == ""){
            alert("密码不能为空");
            return false;
        }
        if(pwd.length < 6){
            alert("密码必须等于或大于 6 个字符");
            return false;
        }
        var repwd = document.getElementById("rpass").value;
        if(pwd != repwd){
            alert("两次输入的密码不一致");
            return false;
        }
        /*验证邮箱*/
        var mail = document.getElementById("email").value;
        if(mail == ""){                    //检测 Email 是否为空
            alert("Email 不能为空");
            return false;
        }
        if(mail.indexOf("@") == -1){
            alert("Email 格式不正确\n 必须包含@");
            return false;
        }
        if(mail.indexOf(".") == -1){
            alert("Email 格式不正确\n 必须包含.");
            return false;
        }

        return true;
    }
</script>

<form id = "form1" method = "post" action = "register_success.htm" onsubmit = "return check()">
<table id = "main" class = "reg_bg" cellpadding = "0px">
```

```
<tbody>
<tr class = "h58">
    <td colspan = "3"> </td>
    <td rowspan = "11">
        <h4><img src = "images/read.gif" alt = "alt" />阅读贵美网服务协议 </h4>
        <textarea id = "textarea" cols = "30" rows = "15">欢迎阅读服务条款协议, 本协议阐述之条款和
条件适用于您使用 Gmgw.com 网站的各种工具和服务。
        </textarea>
    </td>
</tr>
<tr class = "register_table_line">
    <td class = "input_title">名字: </td>
    <td class = "input_content"><input id = "fname" type = "text"    class = "reg_text"    size = "24" />
    </td>
</tr>
<tr class = "register_table_line">
    <td class = "input_title">姓氏: </td>
    <td class = "input_content">
        <input id = "lname" type = "text" class = "reg_text" size = "24" /></td>
</tr>
<tr class = "register_table_line">
    <td class = "input_title">登录名: </td>
    <td class = "input_content">
        <input name = "sname" type = "text"    class = "reg_text"    size = "24" />(可包含 a-z、0-9 和下画线)
    </td>
</tr>
<tr class = "register_table_line">
    <td class = "input_title">密码: </td>
    <td class = "input_content">
            <input id = "pass" type = "password"    class = "reg_text"    size = "26" />(至少包含 6 个字
符)</td>
</tr>
<tr class = "register_table_line">
    <td class = "input_title">再次输入密码: </td>
    <td class = "input_content">
        <input id = "rpass"    type = "password" class = "reg_text" size = "26" />
    </td>
</tr>
<tr class = "register_table_line">
```

```
    <td class = "input_title">电子邮箱：</td>
    <td class = "input_content">
        <input id = "email"   type = "text" class = "reg_text" size = "24" />(必须包含 @   和.字符)</td>
</tr>
<tr class = "register_table_line">
    <td class = "input_title">性别：</td>
    <td class = "input_content">
        <input id = "gen" style = "border:0px;" type = "radio" value = "男" checked = "checked" />
        <img src = "images/Male.gif" width = "23" height = "21" alt = "alt" />男 
        <input name = "gen" style = "border:0px;" type = "radio" value = "女" class = "input" />
        <img src = "images/Female.gif" width = "23" height = "21" alt = "alt" />女
    </td>
</tr>
<tr class = "register_table_line">
    <td class = "input_title">头像：</td>
    <td class = "input_content">
        <input type = "file" />
    </td>
</tr>
<tr class = "register_table_line">
    <td class = "input_title">爱好：</td>
    <td class = "input_content">
        <label>
            <input type = "checkbox" id = "checkbox" value = "checkbox" />
        </label>
            运动  
        <label>
            <input type = "checkbox" id = "checkbox2" value = "checkbox" />
        </label>
            聊天  
        <label>
            <input type = "checkbox" id = "checkbox3" value = "checkbox" />
        </label>
            玩游戏
    </td>
</tr>
<tr class = "register_table_line">
    <td class = "input_title">出生日期：</td>
    <td class = "input_content">
```

```
            <input id = "nYear" class = "reg_text n4"    value = "yyyy" maxlength = "4" />   年   
            <select id = "nMonth">
                <option value = "" selected = "selected">[选择月份]</option>
            <option value = "0">一月</option>
            <option value = "1">二月</option>
            <option value = "2">三月</option>
            <option value = "3">四月</option>
            <option value = "4">五月</option>
            <option value = "5">六月</option>
            <option value = "6">七月</option>
            <option value = "7">八月</option>
            <option value = "8">九月</option>
            <option value = "9">十月</option>
            <option value = "10">十一月</option>
            <option value = "11">十二月</option>
            </select> 月   
            <input id = "nDay"    class = "reg_text n4"    value = "dd" size = "2" maxlength = "2" />日
        </td>
    </tr>
    <tr class = "register_table_line">
        <td class = "input_title h35"> 
        </td>
        <td class = "input_content h35">
            <input type = "image" id = "Button" style = "border:0px;" src = "images/submit.gif" /><img src =
"images/reset.gif" onclick = "javascript:form1.reset();" style = "cursor:pointer;" alt = "重置" />
        </td>
    </tr>
    <tr>
        <td colspan = "2" class = "h65"> </td>
    </tr>
</tbody>
</table>
</form>
```

该表单中涵盖了多种表单控件，程序运行的结果如图 6.10 所示。

在上述代码中，对一个用户注册页面进行了表单数据提交的验证，在验证中，对用户名，密码以及重复密码进行了非空验证，同时对两次密码进行了比对，要求两次填写的密码必须一致。

在验证中，如果验证失败，则通过 alert()函数弹出警告框提示。与此同时，还可以通过在文本框后面添加 div 或者 label 元素的形式，将错误消息显示在文本框后面，这样便不会中断用户操作了。

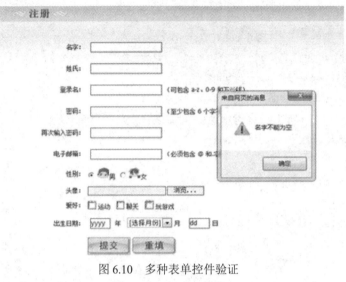

图 6.10　多种表单控件验证

课 后 习 题

简答题

(1) 简述表单验证的作用。

(2) 完成表单验证程序"邮箱"的编写。

(3) 编写用户名和密码需要表单验证的程序。

项目 7

正则表达式

任务 1   先导知识：正则表达式、

innerHTML 和 innerText

7.1.1 正则表达式

正则表达式，又称正规表示法、常规表示法(Regular Expression，在代码中常简写为 regex、regexp 或 RE)，是计算机科学中的一个概念。正则表达式使用单个字符串来描述和匹配一系列符合某个句法规则的字符串。在很多文本编辑器里，正则表达式通常用来检索和替换那些符合某个模式的文本。引入正则表达式是为了用更简洁的代码严谨地验证文本框中的内容。

1. 定义正则表达式

1) 普通方式

普通方式如下：

    var reg = /表达式/附加参数

例如：

    var reg = /white/;

    var reg = /white/g;

2) 构造函数

构造函数如下：

    var reg = new RegExp("表达式", "附加参数")

例如：

    var reg = new RegExp("white");

    var reg = new RegExp("white", "g");

2. 表达式的模式

1) 简单模式

简单模式如下：

    var reg = /china/;

    var reg = /abc8/;

2) 复合模式

复合模式如下：

  var reg = /^\w+$/;

  var reg = /^\w+@\w+.[a-zA-Z]{2, 3}(.[a-zA-Z]{2, 3})?$/;

3. 正则表达式的符号。

常用的正则表达式符号及说明如表 7.1 所示。

表 7.1　常用的正则表达式的符号及说明

符　号	说　明
/…/	代表一个模式的开始和结束
^	匹配字符串的开始
$	匹配字符串的结束
\s	任何空白字符
\S	任何非空白字符
\d	匹配一个数字字符，等价于[0-9]
\D	除了数字之外的任何字符，等价于[^0-9]
\w	匹配一个数字、下画线或字母字符，等价于[A-Za-z0-9_]
\W	任何非单字字符，等价于[^a-zA-z0-9_]
{n}	匹配前一项 n 次
{n, }	匹配前一项 n 次或者多次
{n, m}	匹配前一项至少 n 次，但是不能超过 m 次
*	匹配前一项 0 次或多次，等价于{0, }
+	匹配前一项 1 次或多次，等价于{1, }
?	匹配前一项 0 次或 1 次。也就是说，前一项是可选的，等价于{0, 1}
{n}	匹配前一项 n 次

7.1.2　innerHTML 和 innerText

innerHTML 用于获取或设置指定元素标记内的 HTML 内容，从元素标记开始到元素标记结束(包括 HTML 标记)。

innerText 用于获取或设置指定元素标记内的文本的值，从元素标记开始到元素标记结束(不包括 HTML 标记)。

innerHTML 和 innerText 的区别是：innerHTML 返回标记内的 HTML 内容，其中包含 HTML 标记；innerText 返回标记内的文本的值，而不是 HTML 标记的值。

任务2 正则表达式用于验证表单控件内容

7.2.1 验证邮编和手机号码

正则表达式验证邮政编码和手机号码(中国的邮政编码都是6位,手机号码都是11位,并且手机号码第1位都是1)的语法如下:

```
var regCode = /^\d{6}$/;
var regMobile = /^1\d{10}$/;
```

用JavaScript脚本语言编写的正则表达式验证邮编和手机号码的程序代码如下:

```javascript
<script type = "text/javascript">
    function checkCode(){
        var code = document.getElementById("code").value;
        var codeId = document.getElementById("code_prompt");
        var regCode = /^\d{6}$/;
        if(regCode.test(code) == false){
            codeId.innerHTML = "邮政编码不正确，请重新输入";
            return false;
        }
        codeId.innerHTML = "";
        return true;s
    }
    function checkMobile(){
        var mobile = document.getElementById("mobile").value;
        var mobileId = document.getElementById("mobile_prompt");
        var regMobile = /^1\d{10}$/;
        if(regMobile.test(mobile) == false){
            mobileId.innerHTML = "手机号码不正确，请重新输入";
            return false;
        }
        mobileId.innerHTML = "";
        return true;
    }
```

```
</script>
<body>
    邮政编码：<input id = "code" type = "text" onblur = "checkCode()"/>
<div id = "code_prompt"></div>
    手机号码：<input id = "mobile" type = "text" onblur = "checkMobile()" />
<div id = "mobile_prompt"></div>
</body>
```

上述程序代码运行结果如图 7.1 所示。

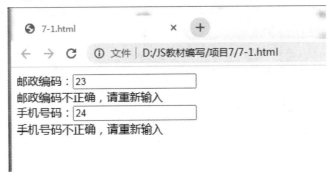

图 7.1　程序运行结果

7.2.2　验证年龄

我们用正则表达式对年龄进行验证，年龄设定在 0～120 之间。10～99 这个范围都是两位数，十位是 1～9，个位是 0～9，正则表达式为[1-9]\d；0～9 这个范围是一位，正则表达式为\d；100～119 这个范围是三位数，百位是 1，十位是 0～1，个位是 0～9，正则表达式为 1[0-1]\d；

根据以上介绍可知，所有年龄的个位都是 0～9，当百位是 1 时十位是 0～1，当年龄为两位数时十位是 1～9，因此 0～119 这个范围的正则表达式为(1[0-1]|[1-9])?\d。年龄 120 是单独的一种情况，需要单独列出来。

用 JavaScript 脚本语言编写的正则表达式验证年龄的程序代码如下：

```
<script type = "text/javascript">
    function checkAge(){
        var age = document.getElementById("age").value;
        var ageId = document.getElementById("age_prompt");
        var regAge = /^120$|^((1[0-1]|[1-9])?\d)$/m;
        //var regAge = /^[0-120]$/;
        if(regAge.test(age) == false){
            age_prompt.innerHTML = "年龄不正确，请重新输入";
            return false;
        }
        age_prompt.innerHTML = "";
```

```
        return true;
    }
</script>


<body>
<input id = "age" type = "text"    onblur = "checkAge()" /><div id = "age_prompt"></div>
</body>
```

上述程序代码运行结果如图 7.2 所示。

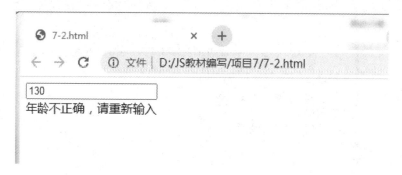

图 7.2　程序运行结果

7.2.3　验证注册页面

　　使用正则表达式验证博客园注册页面，验证的内容有用户名、密码、电子邮箱、手机号码和生日。其中，用户名只能由英文字母和数字组成，长度为 4～16 个字符，并且以英文字母开头；密码只能由英文字母和数字组成，长度为 4～10 个字符；生日的年份在 1900～2009 之间，生日格式为 1980-5-12 或 1988-05-04 的形式。用 JavaScript 脚本语言编写的程序代码如下：

```
<style type = "text/css">
    body{
        margin:0;
        padding:0;
        font-size:12px;
        line-height:20px;
    }
    .main{
        width:525px;
        margin-left:auto;
        margin-right:auto;
    }
    .hr_1 {
        font-size: 14px;
```

```
        font-weight: bold;
        color: #3275c3;
        height: 35px;
        border-bottom-width: 2px;
        border-bottom-style: solid;
        border-bottom-color: #3275c3;
        vertical-align:bottom;
        padding-left:12px;
    }
    .left{
        text-align:right;
        width:80px;
        height:25px;
        padding-right:5px;
    }

    .center{
        width:135px;
    }
    .in{
        width:130px;
        height:16px;
        border:solid 1px #79abea;
    }

    .red{
        color:#cc0000;
        font-weight:bold;
    }

    div{
        color:#F00;
    }
</style>
<script type = "text/javascript">
    function $(elementId){
        return document.getElementById(elementId).value;
    }
    function divId(elementId){
```

```
        return document.getElementById(elementId);
    }
    /*用户名验证*/
    function checkUser(){
        var user = $("user");
        var userId = divId("user_prompt");
        userId.innerHTML = "";
        var reg = /^[a-zA-Z][a-zA-Z0-9]{3, 15}$/;
        if(reg.test(user) == false)
        {
            userId.innerHTML = "用户名不正确";
            return false;
        }
        return true;
    }
    /*密码验证*/
    function checkPwd(){
        var pwd = $("pwd");
        var pwdId = divId("pwd_prompt");
        pwdId.innerHTML = "";
        var reg = /^[a-zA-Z0-9]{4, 10}$/;
        if(reg.test(pwd) == false)
        {
            pwdId.innerHTML = "密码不能含有非法字符，长度在 4-10 之间";
            return false;
        }
        return true;
    }

    function checkRepwd(){
        var repwd = $("repwd");
        var pwd = $("pwd");
        var repwdId = divId("repwd_prompt");
        repwdId.innerHTML = "";
        if(pwd != repwd)
        {
            repwdId.innerHTML = "两次输入的密码不一致";
            return false;
        }
```

```
        return true;
}

/*验证邮箱*/
function checkEmail(){
    var email = $("email");
    var email_prompt = divId("email_prompt");
    email_prompt.innerHTML = "";
    var reg = /^\w+@\w+(\.[a-zA-Z]{2, 3}){1, 2}$/;
    if(reg.test(email) == false)
    {
        email_prompt.innerHTML = "Email 格式不正确，例如 web@sohu.com";
        return false;
    }
    return true;
}
/*验证手机号码*/
function checkMobile(){
    var mobile = $("mobile");
    var mobileId = divId("mobile_prompt");
    var regMobile = /^1\d{10}$/;
    if(regMobile.test(mobile) == false)
    {
        mobileId.innerHTML = "手机号码不正确，请重新输入";
        return false;
    }
    mobileId.innerHTML = "";
    return true;
}
/*生日验证*/
function checkBirth(){
    var birth = $("birth");
    var birthId = divId("birth_prompt");
    var reg = /^((19\d{2})|(200\d))-(0?[1-9]|1[0-2])-(0?[1-9]|[1-2]\d|3[0-1])$/;
    if(reg.test(birth) == false)
    {
        birthId.innerHTML = "生日格式不正确，例如 1980-5-12 或 1988-05-04";
        return false;
    }
```

```
            birthId.innerHTML = "";
            return true;
        }
</script>

<body>
    <table class = "main" border = "0" cellspacing = "0" cellpadding = "0">
<tr>
    <td><img src = "images/logo.jpg" alt = "logo" /><img src = "images/banner.jpg" alt = "banner" /></td>
</tr>
<tr>
    <td class = "hr_1">新用户注册</td>
</tr>
<tr>
    <td style = "height:10px;"></td>
</tr>
<form action = "" method = "post" name = "myform">
<tr>
    <td><table width = "100%" border = "0" cellspacing = "0" cellpadding = "0">
    <td class = "left">用户名：</td>
    <td class = "center"><input id = "user" type = "text" class = "in" onblur = "checkUser()" /></td>
    <td><div id = "user_prompt">用户名由英文字母和数字组成的 4-16 位字符，以字母开头</div></td>
</tr>
<tr>
    <td class = "left">密码：</td>
    <td class = "center"><input id = "pwd" type = "password" class = "in"    onblur = "checkPwd()"/></td>
    <td><div id = "pwd_prompt">密码由英文字母和数字组成的 4-10 位字符</div></td>
</tr>
<tr>
    <td class = "left">确认密码：</td>
    <td class = "center"><input id = "repwd" type = "password" class = "in"    onblur = "checkRepwd()"/></td>
    <td><div id = "repwd_prompt"></div></td>
</tr>
<tr>
    <td class = "left">电子邮箱：</td>
    <td class = "center"><input id = "email" type = "text" class = "in"    onblur = "checkEmail()"/></td>
    <td><div id = "email_prompt"></div></td>
</tr>
<tr>
```

```
    <td class = "left">手机号码: </td>
    <td class = "center"><input id = "mobile" type = "text" class = "in" onblur = "checkMobile()" /></td>
    <td><div id = "mobile_prompt"></div></td>
</tr>
<tr>
    <td class = "left">生日: </td>
    <td class = "center"><input id = "birth" type = "text" class = "in"    onblur = "checkBirth()"/></td>
    <td><div id = "birth_prompt"></div></td>
</tr>
<tr>
    <td class = "left"> </td>
    <td class = "center"><input name = "" type = "image" src = "images/register.jpg" /></td>
    <td> </td>
</tr>
</table>
</td>
</tr>
</form>
</table>
</body>
```

上述程序代码运行后的页面结果如图 7.3 所示。

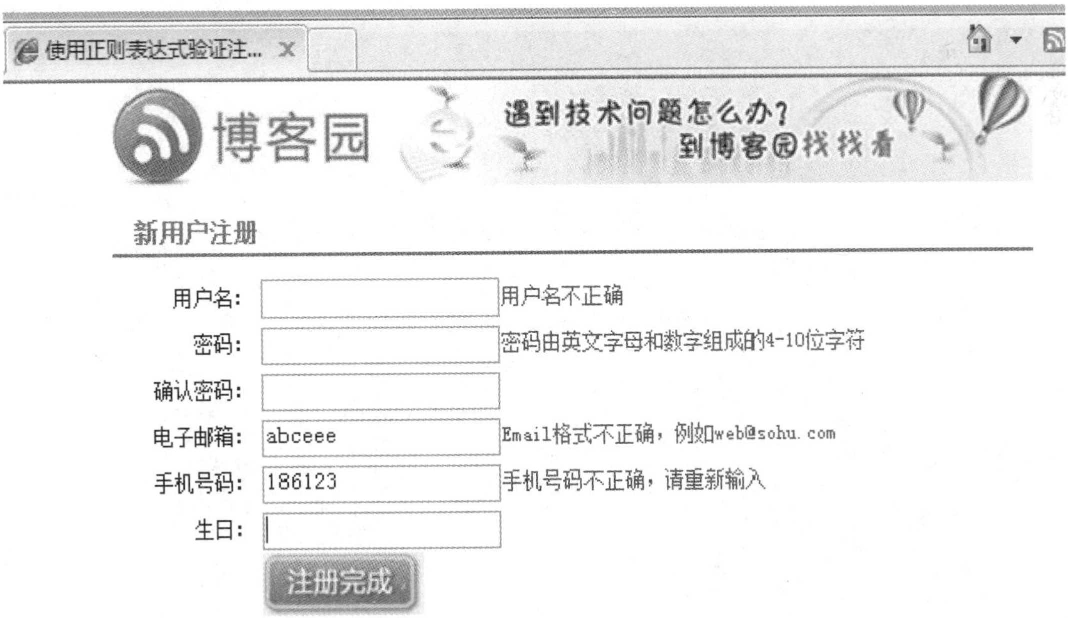

图 7.3　程序运行的结果

课 后 习 题

简答题

(1) 简述正则表达式的作用。

(2) 编写常见的表单验证的正则表达式。

(3) 编写基于正则表达式的注册页面的表单验证程序。

项目 8

购物车的全选/全不选效果

任务1　先导知识：JavaScript 对表单控件的操作

表单元素作为表单不可或缺的重要组成部分，在网页中扮演着举足轻重的角色，而通过 JavaScript 对表单元素进行操作对于 Web 开发来说是很常见的。

1. 通用属性

很多表单元素之间有着相同的属性，这些属性的作用和用法都是相同的，下面介绍表单元素中常用的通用属性：

1) disabled

disabled 属性是指禁用某个控件使其不可用，用户不能用鼠标对其进行操作，该控件也不能获得焦点，而且被禁用控件的外表会被灰化，使其与其他正常的控件区别开来。更重要的是，如果该控件被禁用，则当表单提交时，后台处理程序不能获得该禁用控件的对应值。

可以在元素标签中 disabled 属性默认禁用该控件，disabled 属性的值是一个布尔值为 true 或 false。例如禁用一个文本框，代码如下：

```
<input type = "text" disabled = "true"/>
```

也可以通过脚本操纵 disabled 属性来禁用或者启用控件，代码如下：

```
obj.disabled = true;    //禁用控件
obj.disabled = false;   //启用控件
```

2) readOnly

readOnly 属性主要是针对文本框和文本域。该属性和 disabled 属性一样，对应的都是布尔值类型为 true 或 false，如果文本框被设置为 readOnly 即只读，那么该文本框将不能获得焦点，该文本框中既不能输入内容也不能修改文本框中的内容。这时该属性和 disabled 属性有共同特点，不同的是 readOnly 属性如果设置为 true 时，控件的外观不会发生改变，而且在表单提交的时候，后台应用程序依然可以接收到控件对应的值。

需要注意的是，虽然在页面上用户不能输入或者修改被设置成为只读的文本框的内容，但是可以通过脚本来对文本框中的内容进行操作。

在元素标签中设置控件的 readOnly 属性，代码如下：

```
<input type = "text" readonly = "true"/>
```

也可以通过脚本操纵 readOnly 属性来设置或者取消文本框的只读属性，代码如下：

```
obj.readOnly = true;    //设置为只读
obj.readOnly = false;   //取消只读
```

3) display

隐藏/显示一个表单控件。display 属性是元素样式 style 属性的一个子属性，通过对 style 属性中 display 属性的控制，达到显示/隐藏的效果。如果想隐藏控件，则可以在标签中设定。例如，隐藏一个文本框，代码如下：

```
<input type = "text"style = "display:none"/>
```

这样控件在页面中就默认为不显示了，但是该控件还真实存在于页面中，只是用户看不到。如果表单提交的话，后台程序是可以获得该控件的值的。通过脚本控制元素的 style 属性，代码如下：

```
obj.style.display = "none";        //隐藏控件
obj.style.display = "block";       //显示控件
```

2. 文本框

文本框在页面中用于接收用户的输入，是一个使用频率很高的表单控件。文本框接收各种形式的字符串，下面介绍文本框的常用操作。

(1) 通过 value 属性获得或设置文本框的内容，代码如下：

```
var val = document.getElementById("username").value;
```

(2) 通过文本框的 focus()方法可以让文本框获得焦点，而其他大部分表单元素也依然可以通过此方法来使自身获得焦点，代码如下：

```
document.getElementById("username").focus();
```

(3) 通过文本框的 select()方法可以让文本框中的内容选中，代码如下：

```
document.getElementById("username").select();
```

还可以通过 onfocus 属性给文本框绑定 focus 事件。在获得焦点的时候能够触发此事件，以及相对应的 blur 事件，该事件会在失去焦点的时候触发；与此同时，文本框还有常用事件，如 change 事件，在文本内容改变的时候触发，以及 keyUp、keyDown、keyPress 等常用的键盘按键事件。

3. 复选框

在图形用户界面中，复选框可以在选中与未选中之间切换。如果两个或更多的复选框在物理上组合在一起，它们没有相互作用，即每一个复选框都是独立的。

复选框的<input>标记默认为未选中，在定义中添加常量 checked 属性可以预先设置选中复选框。这样，在网页显示时，该复选框被选中。复选框标签文本定义在<input>标记外，标签不是复选框的一部分。

checked 属性是最简单的复选框属性，表示(或者设置)复选框是否选中。true 值对应选中，false 对应未选中。为使脚本能勾选复选框，只需要将复选框的 checked 属性设置为 true 即可，代码如下：

```
document.getElementById("isRead").checked = true;
```

4. 单选按钮

单选按钮对象在 JavaScript 应用程序体中不常用。在其他表单控件中，一个对象对应于屏幕上一个可见的元素。由于单选按钮的本质是在两个或多个选项中进行互斥选择，因此，单选按钮对象实际上由一组单选按钮组成，而一组单选按钮中常常有多个可见元素。组中的所有单选按钮共享一个名字，浏览器知道将单选按钮组合在一起，然后在单选按钮组中通过一个单选按钮的单击事件取消任何其他单选按钮的选中状态。除此之外，每个单选按钮都可以有自己的属性，如 value 或 checked 属性。

JavaScript 数组语法能访问单选按钮组中某个单选按钮的信息代码如下：

```
<input type = "radio" name = "color" value = "red" checked = "checked"/>red
<input type = "radio" name = "color" value = "yellow"/>yellow
<input type = "radio" name = "color" value = "blue"/>blue
```

这个单选按钮组显示在网页中后，第一个单选按钮已经被预先选中了，要访问任何单选按钮，需要用一个数组索引值作为单选按钮组名的一部分，代码如下：

```
var red = document.forms[0].color[0].value;
var yellow = document.forms[0].color[1].value;
```

如果想要判断是否有选中项，则可以按照下面这个函数的写法进行，代码如下：

```
function hasSelected(){
    var radList = document.forms[0].color;
    for(var i = 0; i<radList.length; i++)
    {
        if(radList[i].checked)
        {
            return true;
        }
    }
    return false;
}
```

上述代码循环遍历每一个单选按钮元素，然后通过其 checked 属性来判断其是否选中，如果有选中项，直接返回 true；如果循环已经遍历完了还是没有选中项，说明确实没有选中一项，则直接返回 false。

 购物车的全选/全不选效果

8.2.1 全选/全不选效果 1

用户在点击超链接时，能实现 4 个复选框的全选中和全不选中，效果如图 8.1 所示。

图 8.1　全选/全不选效果 1

用 JavaScript 脚本语言编写能实现 4 个复选框的全选/全不选的程序代码如下：

```
<HTML>
<HEAD>
<META http-equiv = "Content-Type" content = "text/html; charset = gb2312">
<TITLE>getElementByName</TITLE>
<SCRIPT language = "javascript">
function checkAll(x){
    var allCheckBoxs = document.getElementsByName("isBuy") ;
    for (var i = 0; i<allCheckBoxs.length ; i++){
        if(allCheckBoxs[i].type == "checkbox")    //可能有重名的其他类型元素，如图片、控件等，
                                                          所以要判断类型
        allCheckBoxs[i].checked = x ;    //检查是否选中用 checked，而不是 value
    }
}
</SCRIPT>
</HEAD>
<BODY>
<FORM action = "" name = "buyForm" method = "post">
<TABLE width = "100%" border = "0">
    <TR>
        <TD colspan = "3"><IMG src = "images/head.jpg" width = "958" height = "175"></TD>
    </TR>
    <TR>
        <TD width = "6%"><A href = "javascript: checkAll(true)">全选</A></TD>
```

```
        <TD width = "6%"><A href = "javascript: checkAll(false)">全不选</A></TD>
        <TD width = "88%"><IMG src = "images/top.jpg" width = "845" height = "18"></TD>
    </TR>
    <TR>
        <TD colspan = "2" align = "center"><INPUT name = "isBuy" type = "checkbox" id = "isBuy" value =
"sanguo"> </TD>
        <TD><IMG src = "images/one.jpg" width = "843" height = "80"></TD>
    </TR>
    <TR>
        <TD colspan = "3" align = "center"><HR noshade = "noshade" style = "border:1px   #CCCCCC
dashed " /> </TD>
    </TR>
    <TR>
        <TD colspan = "2" align = "center"><INPUT name = "isBuy" type = "checkbox" id = "isBuy"
value = "paozhu"></TD>
        <TD><IMG src = "images/two.jpg" width = "842" height = "79"></TD>
    </TR>
    <TR>
        <TD colspan = "3" align = "center"><HR noshade = "noshade" style = "border:1px   #CCCCCC
dashed" /> </TD>
    </TR>
    <TR>
        <TD colspan = "2" align = "center"><INPUT name = "isBuy" type = "checkbox" id = "isBuy" value =
"paozhu"></TD>
        <TD><IMG src = "images/three.jpg" width = "844" height = "81"></TD>
    </TR>
    <TR>
        <TD colspan = "3" align = "center"><HR noshade = "noshade" style = "border:1px   #CCCCCC
dashed " /> </TD>
    </TR>
    <TR>
        <TD colspan="2" align = "center"><INPUT name = "isBuy" type = "checkbox" id = "isBuy" value =
"jingwu"> </TD>
        <TD><IMG src = "images/four.jpg" width = "847" height = "85"></TD>
    </TR>
    <TR>
        <TD colspan = "3" align = "center"><HR noshade = "noshade" style = "border:1px   #CCCCCC
dashed " /> </TD>
    </TR>
</TABLE>
```

```
</FORM>
</BODY>
</HTML>
```

8.2.2　全选/全不选效果 2

点击最上面的全选框，可以实现全选效果，再次点击时，可以实现全不选，效果如图 8.2 所示。

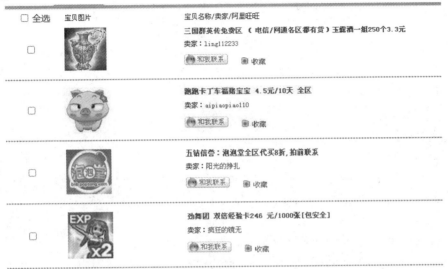

图 8.2　全选/全不选效果 2

用 JavaScript 脚本语言编写能实现上述操作的程序代码如下：

```
<SCRIPT language = "javascript">
    function checkAll(boolValue ){
        var allCheckBoxs = document.getElementsByName("isBuy") ;
        for (var i = 0; i<allCheckBoxs.length; i++){
            if(allCheckBoxs[i].type == "checkbox")   //可能有重名的其他类型元素，如图片、控件等，
                                                     所以要判断类型
                allCheckBoxs[i].checked = boolValue ;   //检查是否选中用 checked，而不是 value
        }
    }
    function change(){
        var initmmAll = document.getElementsByName("mmAll") ;
        if(initmmAll[0].checked == true)
            checkAll(true);
        else
            checkAll(false);
    }
</SCRIPT>
```

8.2.3　全选/全不选效果3

点击"全喜欢"或"都不喜欢"按钮，全选中所列项目，效果如图8.3所示。

图8.3　全选/全不选效果3

用 JavaScript 脚本语言编写能实现上述操作的程序代码如下：

```
<SCRIPT type = "text/javascript">
    function selectAll()
    {
        var allCheckBoxs = document.getElementsByName("coffee") ;//获得 checkbox 对象的集合
        var desc = document.getElementById("btn").value;          //获得按钮对象
        if(desc == "全喜欢") {
            document.getElementById("btn").value = "都不喜欢";
            for (var i = 0; i < allCheckBoxs.length; i++) //循环 checkbox 对象集合，设置每一个 checkbox 的状态
            {
                allCheckBoxs[i].checked = true ;
            }
        }else{
            document.getElementById("btn").value = "全喜欢";
            for (var i = 0; i < allCheckBoxs.length; i++)
            {
                allCheckBoxs[i].checked = false ;
            }
        }
    }
</SCRIPT>
```

课 后 习 题

简答题

(1) 简述如何制作全选/全不选复选框效果。

(2) 完成全选/全不选复选框效果程序的编写。

项目 9

JavaScript 改变 CSS

任务1　先导知识：CSS 选择器和

常用属性

9.1.1　CSS 概述

CSS(Cascading Style Sheets)通常称为 CSS 样式或层叠样式表，主要用于设置 HTML 页面中的文字内容(字体、大小、对齐方式等)、图片的外形(高宽、边框样式、边距等)以及版面的布局等外观显示样式。CSS 可以使 HTML 页面更好看，CSS 色系的搭配可以让用户更舒服，CSS + DIV 布局更加灵活，更容易绘制出用户需要的页面结构。

CSS 规则由两个主要的部分构成：选择器，以及一条或多条声明。

9.1.2　CSS 的优先级别

下面是优先级逐级增加的选择器列表：

(1) 通用选择器(*)。

(2) 元素(类型)选择器。

(3) 类选择器。

(4) 属性选择器。

(5) 伪类。

(6) ID 选择器。

(7) 内联样式

9.1.3　常用的 CSS

文字、背景的 CSS 属性如表 9.1、表 9.2 所示。

表9.1　文　本　属　性

文　本　属　性	说　　　明
font-size	字体大小
font-family	字体类型
font-style	字体样式
color	设置或检索文本的颜色
text-align	文本对齐

表 9.2 背 景 属 性

背 景 属 性	说 明
background-color	设置背景颜色
background-image	设置背景图像
background-repeat	设置一个指定的图像如何被重复

超链接、边框、按钮的 CSS 属性，如表 9.3 所示。

表 9.3 超链接、边框、按钮的 CSS 属性

名 称	说 明
不带下画线的超链接	A{ 　　color:blue; 　　text-decoration:none;) A:hover[color:red;)

细边框样式	.boxBorder
	{
	　　border-width:1px;
	　　border-style:solid;
	}

图片按钮样式	.picButton{
	　　background-image:url(images/back2.jpg);
	　　border:0px;
	　　margin:0px;
	　　padding:0px;
	　　height:23px;　width: 82px;
	　　font-size:14px;
	}

display 的 CSS 属性如表 9.4 所示。

表 9.4 display 的 CSS 属性

参 数 值	描 述
block	默认值。按块显示，换行显示。用该值为对象之后添加新行
none	不显示，隐藏对象。与 visibility 属性的 hidden 值不同，其不为被隐藏对象保留其物理空间
inline	按行显示，和其他元素同一行显示

任务 2 JavaScript 改变网页对象的样式

9.2.1 改变文字样式

用 JavaScript 脚本语言编写改变网页中字体大小的样式特效：当鼠标经过文字时文字变大为 24 像素，鼠标离开后文字恢复到原始大小 12 像素，效果如图 9.1 所示。

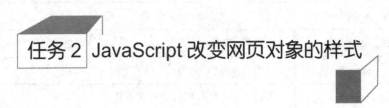

图 9.1　JS 改变文字样式

用 JavaScript 脚本语言编写改变网页中字体大小的样式特效。首先，创建改变样式的 JavaScript 代码：

```
this.style.fontSize = "24px"
this.style.fontSize = "14px"
```

然后，利用鼠标相关事件调用 JavaScript 代码：

```
onmouseover = "this.style.fontSize = '24px'"
onmouseout = "this.style.fontSize = '14px'"
```

9.2.2 改变按钮样式

当鼠标滑过图片按钮时，图片按钮的背景图片变化如图 9.2、图 9.3 所示。

图 9.2　图片按钮

图 9.3　鼠标滑过图片按钮

用 JavaScript 脚本语言编写按钮的显示效果。首先，创建 mouseOver 和 mouseOut 两种
样式，代码如下：

```
<STYLE type = "text/css">
    .mouseOverStyle{
        background-image: url(images/back2.jpg);
        color:#CC0099;
        border:0px;
        margin:0px;
        padding:0px;
        height:23px;width: 82px;
        font-size: 14px;
    }

    .mouseOutStyle{
        background-image: url(images/back1.jpg);
        color:#0000FF;       border:0px; margin:0px;
        padding:0px;height:23px; width:82px;
        font-size: 14px;
    }
</STYLE>
```

然后，使用 className 类属性进行切换，代码如下：

```
<INPUT name = Button type = "button" class = "mouseOutStyle" value = " 登　录 "
onmouseover = "this.className = 'mouseOverStyle'"
onmouseout = "this.className = 'mouseOutStyle'">
```

9.2.3　改变用户登录页面的 CSS

实现鼠标滑过页面超链接时，滑过文字字体变大，边框变红色，按钮背景图片变化，效果如图 9.4 所示。

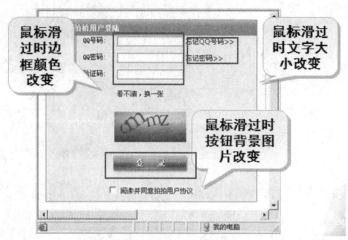

图 9.4 改变登录界面的 CSS

用 JavaScript 脚本语言编写改变用户页面的 CSS 程序，代码如下：

```
<HTML>
<HEAD>
<TITLE>登录</TITLE>
<META http-equiv = "Content-Type" content = "text/html; charset = utf-8">
<STYLE type = "text/css">
    td{ font-size:12px; font-family:Verdana}
    .lefttd {text-align:right; padding-right:20px; font-family:"新宋体"}
    a {text-decoration:none; font-size:12px; color:#0000FF}
    a:hover{color:red}
    .loginMain {
        border:1px solid #57A0ED;
        padding-bottom:10px;
        background:#EEF5FF;
        margin-bottom:25px
    }
    .inputMain {
        border:1px solid #718DA6;
        height:17px;
        padding:2px 0 0 4px;
        width:120px
    }
    .loginHead {
        padding-left:50px;
```

```
        background-image:url(images/login_head.gif);
        padding-top:14px;
        height:27px;
        line-height:4px;
        font-size:13px;
        color:#fff;
        font-weight:bold
    }
    .picButton{ background-image:url(images/login_submit.gif);
        border:0px;
        margin: 10px;
        padding: 0px;
        height: 30px;
        width: 137px;
        font-size: 14px;
        cursor:hand;
    }
    .mouseOut{ background-image:url(images/submit.gif);
        border:0px;
        margin: 10px;
        padding: 0px;
        height: 30px;
        width: 137px;
        font-size: 14px;
        cursor:hand;
    }
</STYLE>
</HEAD>
<BODY>
<DIV id = "head" align = "center">
    <IMG src = "images/top.jpg">
</DIV>
<DIV align = "center">
    <FORM action = "../index.html" method = "post">
    <TABLE>
        <TR>
            <TD width = "418" style = "padding-top:30px">
```

```html
<TABLE width = "381" cellpadding = "0" cellspacing = "0" class = "loginMain" align = "center">
    <TR>
        <TD colspan = "2" height = "27" class = "loginHead">拍拍用户登录</TD>
    </TR>
    <TR>
        <TD width = "120" class = "lefttd">QQ 号码:</TD>
    <TD width = "265">
        <INPUT type = "text" class = "inputMain"
            onmouseover = "this.style.borderColor = 'red' "
            onmouseout = "this.style.borderColor = "">
        <A href = "#" onmouseover = "this.style.fontSize – '14px'"
            onmouseout = "this.style.fontSize = '12px'">
            忘记 QQ 号码&gt;&gt;
        </A></TD>
    </TR>
    <TR>
        <TD class = "lefttd">QQ 密码:</TD>
    <TD><INPUT type = "password" class = "inputMain"
            onmouseover = "this.style.borderColor = 'red'"
            onmouseout = "this.style.borderColor = "">
        <A href = "#"    onmouseover = "this.style.fontSize = '14px'"
                onmouseout = "this.style.fontSize = '12px'">
                忘记密码&gt;&gt;</A>
        </TD>
    </TR>
    <TR>
        <TD width = "120" class = "lefttd">验证码:</TD>
    <TD width = "265"><INPUT type = "text" class = "inputMain"
onmouseover = "this.style.borderColor = 'red'" onmouseout = "this.style.borderColor = "">
</TD>
    </TR>
    <TR><TD height = "42"> </TD>
    <TD ><A href = "#">看不清，换一张 </A></TD></TR>
    <TR><TD height = "71" colspan = "2" align = "center">
        <IMG src = "images/code.jpg"></TD>
    </TR>
    <TR><TD colspan = "2" align = "center">
```

```
            <INPUT type = "submit" value = ""class = "picButton"
                onmouseover = "this.className = 'mouseOut'"
                onmouseout = "this.className = 'picButton'">
        </TD></TR>
        <TR><TD colspan = "2" align = "center"><INPUT type = "checkbox" value = "">
        <A href = "#">阅读并同意拍拍用户协议</A>
        </TD></TR>
        </TABLE> </TD>
        <TD width = "320" style = "padding-top:10px"><IMG src = "images/right.jpg"></TD>
    </TR>
    </TABLE>
    </FORM>
</DIV>
<DIV id = "foot">
<IMG src = "images/foot.jpg">
</DIV>
</BODY>
</HTML>
```

9.2.4　改变显示属性

实现页面中工作地点的选择功能。选择某个城市时，城市按钮上显示这个城市的值，显示效果如图 9.5 所示。

图 9.5　显示属性

用 JavaScript 脚本语言编写页面中选择工作地点的程序，代码如下：

```html
<HTML>
<HEAD>
<META http-equiv = "Content-Type" content = "text/html; charset = utf-8">
<TITLE>层的显示和隐藏</TITLE>
<STYLE type = "text/css">
    #bg{background-image:url(images/bg.jpg);
    background-repeat:no-repeat;
    height:432px; width:430; position:absolute; z-index:3}
    .btn{
        BORDER-RIGHT: #ffffff 0px solid;
        BORDER-TOP: #ffffff 0px solid;
        BACKGROUND-IMAGE:url(images/work_place.gif);
        BORDER-LEFT: #ffffff 0px solid;
        COLOR: #333333;
        BORDER-BOTTOM: #ffffff 0px solid;
        BACKGROUND-COLOR: #e7e7e7;
        font-size: 12px;
        font-family: Verdana, Arial, Helvetica, sans-serif, "宋体";
        height: 27px;
        width: 78px;
        z-index:2;
        left: 234px;
        top: 167px;
    }
    #place {
        position:absolute;
        left:65px;
        top:199px;
        width:311px;
        height:117px;
        z-index:1;
        background-color: #FFFFFF;
        background-image: url(images/layerBack.jpg);
        display:none
    }
</STYLE>
```

```
<SCRIPT type = "text/javascript" language = "javascript">
    function showMAP(){
        document.getElementById("place").style.display = "block";//block 将层显示
    }
    function closeMe( )
    {
        document.getElementById("place").style.display = "none";//none 将层隐藏
    }
    function selectPlace(place)
    {
        document.getElementById("workplace").value = place;
        document.getElementById("place").style.display = "none";
    }
</SCRIPT>
</HEAD>
<BODY>
<DIV id = "bg">
    <DIV style = "position:absolute; left: 234px; top: 166px; width: 78px;">
        <INPUT id = "workplace" type = "button" class = "btn" value = "    工作地点    " onClick = "
showMAP( )">
    </DIV>
    <DIV id = "place" style = "background-repeat:no-repeat">
    <TABLE width = "311" height = "109" border = "0" cellspacing = "0" style = "font-size:12px">
        <TR>
            <TD> </TD>
            <TD> </TD>
            <TD> </TD>
            <TD align = "right"> <A href = "javascript: closeMe( )">关闭</A> </TD>
        </TR>
        <TR>
            <TD width = "70"> <A href = "javascript: selectPlace('北京')">北京</A> </TD>
            <TD width = "67"> <A href = "javascript: selectPlace('上海')">上海</A> </TD>
            <TD width = "78"> <A href = "javascript: selectPlace('广州')">广州</A> </TD>
            <TD width = "88"> <A href = "javascript: selectPlace('武汉')">武汉</A> </TD>
        </TR>
        <TR>
            <TD> <A href = "javascript: selectPlace('成都')">成都</A> </TD>
```

```
        <TD> <A href = "javascript: selectPlace('徐州')">徐州</A> </TD>
        <TD><A href = "javascript: selectPlace('深圳')">深圳</A> </TD>
        <TD><A href = "javascript: selectPlace('珠海')">珠海</A> </TD>
    </TR>
  </TABLE>
</DIV>
</DIV>
</BODY>
</HTML>
```

9.2.5　图片切换效果

鼠标滑过页面时，对应的选项显示不同的图片。效果如图9.6、图9.7所示。

图 9.6　图片切换效果 1

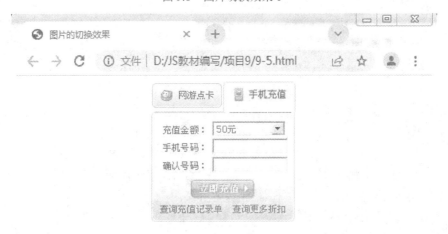

图 9.7　图片切换效果 2

用 JavaScript 脚本实现鼠标在页面中不同选项上时显示不同的图片，程序代码如下：

```
<HTML>
<HEAD>
<META http-equiv = "Content-Type" content = "text/html; charset = utf-8">
<TITLE>图片的切换效果</TITLE>
<SCRIPT language = "javascript">
    function InitImage( )
    {
        document.getElementById("mobile").style.display = "none";
        document.getElementById("mobile2").style.display = "none";
        document.getElementById("game1").style.display = "none";
    }
    function showPhone( )
    {
        document.getElementById("game1").style.display = "block";
        document.getElementById("mobile2").style.display = "block";
        document.getElementById("game2").style.display = "none";
        document.getElementById("mobile1").style.display = "none";;

        document.getElementById("game").style.display = "none";
        document.getElementById("mobile").style.display = "block";
    }

    function showGame( )
    {
        document.getElementById("game2").style.display = "block";
        document.getElementById("mobile1").style.display = "block";
        document.getElementById("game1").style.display = "none";
        document.getElementById("mobile2").style.display = "none";

        document.getElementById("game").style.display = "block";
        document.getElementById("mobile").style.display = "none";
    }
</SCRIPT>
</HEAD>
<BODY onload = "InitImage( )">
<TABLE border = "0" align = "center" cellpadding = "0" cellspacing = "0">
    <TR>
```

```
    <TD><IMG src = "images/game1.jpg" id = "game1" onmouseover = "showGame()"> <IMG src =
"images/game2.jpg"   id = "game2"></TD>
    <TD><IMG src = "images/mobile1.jpg" name = "mobile1" id = "mobile1"   onmouseover =
"showPhone()"><IMG src = "images/mobile2.jpg" width = "98" id = "mobile2"> </TD>
    </TR>
    <TR>
    <TD colspan = "2"><IMG id = "game" src = "images/card1.jpg"><IMG id = "mobile" src =
"images/phone.jpg"></TD>
    </TR>
</TABLE>
</BODY>
</HTML>
```

课 后 习 题

简答题

(1) 简述文字、背景、超链接、边框、按钮的 CSS 属性有哪些。

(2) 完成文字颜色、边框颜色样式的修改。

(3) 完成按钮的背景图片样式的修改。

项目 10

省市级联动

任务 1 先导知识：下拉列表控件
和数组对象

10.1.1 下拉列表控件

在网页中，选择列表可以使用相对较小的空间来提供大量的信息。网页上的选择列表包括弹出式和滚动式两种形式。

与其他 JavaScript 对象相比，由于列表项数据的复杂性，在脚本中使用 select 元素对象比较复杂。select 元素由 select 元素对象和 option 元素对象组成，option 元素对象包含用户选择的真正选项，一些对脚本设计者非常有价值的属性属于 select 对象，而其余的属性属于嵌套的 option 对象。例如，用户可以提取列表中当前选项的编号(索引)，编号是整个 select 对象的一个属性，但为得到选中选项的显示文本，则必须得到为对象定义的所有选项中单个选项的 text 属性。

在表单中定义一个 select 对象时，<select>…</select>标记对的构造很容易产生混淆。首先，定义整个对象的大多数特性(如 name 属性、size 属性和事件处理程序)都是开始<select>标记的特性。在开始标记的结束处和结尾</select>标记之间，包含显示在列表中的每个选项的额外标记。

下面的对象定义创建了一个选择弹出式列表，它包含三个颜色选项：

```
<form>
    <select name = "colors" onchange = "changeColor(this)">
        <option selected = "selected">red</option>
        <option>blue</option>
        <option>green</option>
    </select>
</form>
```

在默认情况下，select 元素作为弹出式列表显示，为把它显示为滚动式列表，需要赋给 size 属性一个大于 1 的整数值，用这个值指定列表中不需要滚动就能显示的选项个数，也就是列表框的高度，以行数计量。

1. value 属性

select 元素的 value 属性用于获得选中项的值，如果该选中项未设定 value 属性，则返回的是空字符串。下列代码显示如何获得选中项值：

```
<select onchange = "showValue(this)">
    <option selected = "selected" value = "red">red</option>
    <option value = "blue">blue</option>
    <option value = "green">green</option>
</select>

<script type = "text/javascript">
    function showValue(sel){
        alert(sel.value);
    }
</script>
```

上述代码给下拉框绑定了 onchange 事件，在切换完下拉框的选项后，则弹出当前选中项的值。

2. length 属性

select 元素的 length 属性用于获得下拉框选择项的数量，返回一个整型值。例如，上述代码有三个选项，则 length 属性将返回 3，代码如下：

```
var count = sel.length;
```

同时还可以通过修改 length 属性的值来实现删除下拉框选项的目的，代码如下：

```
sel.length = 0;
```

上述代码表示清空所有选项，成为一个空的下拉列表。

3. selectedIndex 属性

当用户在选择列表中做出一个选择时，selectedIndex 属性改变为列表中相应选项的编号，第一项的值为 0。对于需要提取这个值或选中选项的文本以便做进一步处理的脚本来说，这一信息非常有用。

这一信息可以作为获得选中项属性的捷径。要检查一个 select 对象的 selected 属性，不必循环遍历每个选项，可以使用对象的 selectedIndex 属性作为选中项的引用填入索引值。在这种情况下，语句可能比较长，但从执行的角度来看，这个方法是最有效的。然而，select 对象如果是多项选择类型，那么 selectedIndex 属性的值就表示列表中所有选中项的第一项的索引。

此属性用于获得选中项下标，从 0 开始计数，代码如下：

```
var index = sel.selectedIndex;
```

也可以通过修改此属性的值，让某一项被选中，比如让第二项被选中，代码如下：

```
sel.selectedIndex = 1;
```

除了通过此属性，select 元素的 value 属性也可以用于绑定选中项，代码如下：

```
sel.value="blue"
```

通过上述代码，则选项中 value 属性值为 blue 的选项将被选中。

4. options 属性

options 属性是一个对象数组，保存了下拉框中所有下拉选项对象的集合。所有的下拉选项都以对象的形式保存在此数组中，所以通过下标可以获得某个下拉选项对象，代码如下：

```
//获得第一项选择项
var opt = sel.options[0]
```

同时也可以通过获得数组的长度来获得选项的数量，代码如下：

```
//两种写法效果一样
var count = sel.length;
var count2 = sel.options.length;
```

在获得选项后，可以通过调用下拉选项对象的 value 属性或者 text 属性获得对应选项的值或文本。如果想要获得选中项的值或者文本，则可以借助 selectedIndex 的帮助。下列代码演示了如何获得选中项的值和文本内容：

```
//获得下拉框对象
var sel = document.getElementById("sel");
//获得下拉框选中项下标
var index = sel.selectedIndex;
//获得选中项对象
var opt = sel.options[index];
//获得选中项的值
var val = opt.value;
//获得选中项的文本
var text = opt.text;
//判断该项是否选中
var isSelect = opt.selected;
```

下拉框对象的 value、text 的属性值不仅可以用于读取，也是可写属性，所以，也可以通过这些属性来修改下拉选项的值或文本内容。

如果要从列表中删除一个选项，可将特定选项设置为空，代码如下：

```
sel.options[1] = null;
```

如果想要在下拉框选项的末尾再添加一个新的下拉框选项，则需要构建一个新的下拉框选项，追加到末尾，而末尾的下标则正好是数组的长度所指定的值，下面代码则演示了这一操作，代码如下：

```
var len = sel.length;
sel.options[len] = new Option("value", "text");
```

上述代码中通过 Option 对象构建了一个新的下拉框选项，同时追加在末尾，需要注意的是 Option 对象在书写的时候是严格区分大小写的。

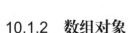

10.1.2 数组对象

数组是值的有序集合。数组里面的值叫作元素，而且每个元素在数组中都有一个位置，用数字表示，称为索引。

JavaScript 数组是无类型的，数组中的元素可以是任意类型，并且同一个数组中的不同元素也可以是不同的类型。数组的元素甚至也可以是对象或者其他数组，也允许创建复杂的数据结构，如对象的数组和数组的数组。

JavaScript 数组是动态的，根据需要数组会增长或缩减，并且在创建数组时无须声明一个固定的大小或者在数组大小变化时无须重新分配空间。JavaScript 数组可能是稀疏的，数组元素的索引不一定是连续的，它们之间可以有空缺。每个 JavaScript 数组都有一个 length 属性。针对非稀疏数组，该属性就是数组元素的个数。针对稀疏数组，length 比所有元素的索引要大。

JavaScript 数组是 JavaScript 对象的特殊格式，数组索引实际上和碰巧是整数的属性名差不多。

1. 创建数组

使用数组直接量是创建数组最简单的方法,在方括号中将数组元素用逗号隔开即可。例如:

```
var carname = [];                 //没有元素的数组
var fruit = ["apple", "orange"];  //有两个数值的数组
var number = [1, 2, true, "abc"]; //有不同类型的元素
```

数组中的值不一定要是常量，它们可以是任意的表达式，也可以包含对象或者其他的数组。例如:

```
var number = 123;
var numbers = [1, 2, 3, a+1, a+2];
var a=[[2, {x:2, y:3}], [3, {x:4, y:5}]];
```

调用构造函数 Array() 是创建数组的另一种方法。可以用三种方式调用构造函数。

(1) 调用时没有参数。例如:

```
var   data=new Array();
```

该形式创建一个没有任何元素的空数组，等同于数组直接量[]。

(2) 调用时有一个数值参数，它指定长度。例如:

```
var   data = new Array(5);
```

这种形式就是创建时指定数组的长度，可以用来预分配一个数组空间。注意：数组中没有存储值，甚至数组的索引属性还未定义。

(3) 显式指定两个或多个数组元素或者数组的一个非数值元素。例如:

```
var   data = new Array(1, 2, 3, "hello", "world");
```

以这种形式，构造函数的参数就会成为新数组的元素。使用数组字面量比这样使用 Array() 构造函数要简单多了。

2. 数组的读和写

使用[]操作符来访问数组中的一个元素，数组的引用位于方括号的左边。方括号中是一个返回非负数的任意表达式。例如：

```
var testGet = arrayObj[1];        //获取数组的元素值
arrayObj[1] = "这是新值";          //给数组元素赋予新的值
```

数组是对象的特殊格式。使用方括号访问数组元素就像用方括号访问对象的属性一样。JavaScript 将指定的数字索引转换成字符串—索引值 1 变成了"1"，然后将其作为属性名来使用，例如：

```
var   a = {};                     //创建一个普通对象
a[1] =  "one";                    //用一个整数来索引它
```

注意：可以使用负数或者非整数来索引数组。这种情况下，数值转换为字符串，字符串作为属性名来用。既然名字不是非负整数，它就只能当作常规的对象属性，而非数组的索引，同样如果使用了非负整数的字符串，它就当作数组索引，而非对象属性。使用一个浮点数和一个整数相等时情况也是一样的。例如：

```
o[-2.3] = true;                   //将创建一个名为-2.3 的属性
o["100"] = 0;                     //这是数组的 101 个元素
o[2.0]                            //和 o[1]相等
```

事实上，数组索引仅仅是对象属性名的一种特殊类型，这就意味着 JavaScript 数组没有"越界"错误的概念。当查询任何对象中不存在的属性时，程序不会报错，只会返回 undefined 值，类似于对象，同样存在这种情况。

3. 数组的长度

每个数组有一个 length 属性，就是这个属性使其区别于常规的 JavaScript 对象。针对数组，length 属性值代表数组中元素的个数。其值比数组中最大的索引值大 1，例如：

```
var test = [].length              //test = 0，该数组没有元素
var test = [1, 2, 3].length       //test = 3，最大的索引为 2，该数组有三个元素
```

根据数组的长度(length 值)和数组中元素的个数，一般将数组分为稠密数组(非稀疏数组)和稀疏数组。

稠密数组：在 Java 和 C 语言中，数组是一片连续的存储空间，有着固定的长度。加入数组其实位置是 address，长度为 n，那么占用的存储空间是 address[0]，address[1]，address[2]，…，address[n-1]，即数组元素之间是紧密相连的，不存在空隙。如下的 JavaScript 代码创建的就是一个稠密数组：

```
var   data   = [1, 2, 3, 5, 4];
```

稀疏数组：稀疏数组与稠密数组相反，JavaScript 并不强制要求数组元素是紧密相连的，即允许间隙的存在。换一种说法，当数组是稀疏数组时，length 属性值大于元素的个数，而且关于此我们可以说的一切也就是数组长度保证大于它每个元素的索引值。例如：

```
var a = new array(4);
a [2] = 1;
alert(a[0]);                //undefined
alert(a[2]);                //输出 1
```

为了维护数组的稳定性，数组有两个特殊的行为。第一个是如果为一个数组元素赋值，它的索引 i 大于或等于现有数组的长度时，length 属性的值将设置为 i + 1；第二个是设置 length 属性为一个小于当前长度的非负整数 n 时，当前数组中那些索引值大于或等于 n 的元素将从中删除。例如：

```
a = [1, 2, 3, 4, 5, 6];     //从六个算术的数组开始
a.length = 2;               //现在 a 数组为[1, 2]
a.length = 0;               //删除所有元素，a 为[]
a.length= 6;                //a 数组长度为 6，但是没有元素，就像重新定义(上一步已经将所有的元素删除)
```

还可以将数组的 length 属性值设置为大于当前的长度。实际上这不会向数组中添加新的元素，它只是在数组的尾部创建一个空的区域。

4. 数组元素的添加和删除

1) 添加

前面我们已经接触了最简单的数组添加元素的方法，为新索引赋值。例如：

```
var test = [];              //定义一个空数组
test[0] = "a";              //添加第一个元素
test[2] = "b";              //添加第二个元素
```

也可以使用 push()方法在数组末尾增加一个或多个元素。例如：

```
var test = [];              //定义一个空数组
test.push("c");             //在 test 数组末尾添加一个元素
test.push("d", "f");        //在 test 数组末尾添加二个元素
```

使用 push()方法在数组的尾部压入一个元素与给数组 test[test.length]赋值是一样的。可以使用 unshift()方法在数组的首部插入一个元素，并且将其他元素依次移到更高的索引处。

2) 删除

可以使用 delete 运算符来删除数组元素。例如：

```
var test = [1, 2, 3];       //定义数组
delete test[1];             //test 数组在索引 1 的位置不再有元素
```

对于数组而言，使用 delete 不会修改数组的 length 属性，也不会将元素从高索引处移下来填充已删除属性留下的空白。除了使用 delete 方法删除元素外，还可以使用 length 属性重新设置数组的长度来删除数组尾部的元素。数组还有 pop()方法(它和 push()一起使用)，push( )一次使长度减少 1 并返回被删除元素的值。还有一个 shift()方法(它和 unshift()一起使用)，从数组头部删除一个元素。和 delete 方法不同的是 shift()方法将所有元素下移到比当前索引低 1 的地方。例如：

```
var fruits = ["Banana", "Orange", "Apple", "Mango"];
fruits.pop();              //fruits 结果输出：Banana, Orange, Apple
var fruits = ["Banana", "Orange", "Apple", "Mango"];
fruits.shift();            //fruits 结果输出:Orange, Apple, Mango
```

5. 数组遍历

使用 for 循环是遍历数组元素最常见的方法。

1) 普通遍历方式

普通遍历方式：

```
for(var i = 0; i < arr.length; i++){   //遍历数组中的每一个索引
    console.log(arr[i]);        //第一种遍历方式
}
```

在循环中可以看到这种遍历方式在每循环一次都要查询一次数组的长度，可以将其进行优化：

```
for(var   i = 0, var   len = arr.length; i <len; i++ ){
    //循环体仍然不变
}
```

在遍历中同样要注意的一点是数组中所有位置都是存在元素的，并且该元素是合法的，否则，使用数组元素之前应该先检查它们：

```
for(var   i=0; i < a.length; i++){
    if(!a[i]) continue;              //跳过 null、undefined 和不存在的元素
        //循环体
}
//如果只想跳过 undefined 和不存在的元素
for(var i = 0; i < a.length; i++){
    if(a[i] == undefined) continue;      //跳过 undefined 和不存在的元素
//循环体
}
```

2) 使用 for…in 遍历方式

使用 for…in 遍历方式

```
function second(){
    //for in 遍历需要两个形式参数，index 表示数组的下标(可以自定义)，arr 表示要遍历的数组
    fro(var index in arr){
        console.log(arr[index]);
    }
}
```

3) forEach 遍历方式

forEach 遍历方式:

```
function third(){
    //第一个参数为数组的元素，第二个元素为数组的下标
    Arr.forEach(function(ele, index){
        Console.log(arr[index]);
    });
}
```

4) for…of 遍历方式

for…of 遍历方式:

```
function    forth(){
    //第一个变量 ele 代表数组的元素(可以自定义)arr 为数组(数据源)
    for(var ele of arr){
        console.log(ele);
    }
}
```

数组的遍历中常常会遇到数组中含有特殊的元素(空、不存在、undefined 等)。这个时候就要对特殊的元素进行分别对待，如第一种遍历方式，可以在进行遍历的过程中对每一个数组的元素先进行判断，然后根据判断的结果进行不同的操作。

6. 多维数组

JavaScript 不支持真正的多维数组，但可以用数组的数组来近似。访问数组的数组中的元素，只要简单地使用两次[]操作符即可。例如，假设变量 mar 是一个数组的数组，它的基本元素是数值，那么 mar[i]的每个元素包含一个数值数组，访问数组中特定的代码为mar[i][j]。下面是一个具体的例子，它使用二维数组作为一个九九乘法表。

```
//创建一个多维数组
var tab = new Array(10);          //初始化乘法表有 10 行
var   j = 0;
for(var   i = 0;i < tab.length;i++){
    tab[i] = new Array(10);          //初始化每一行都有 10 列
    //对数组进行初始化
    for(var   r = 0;r < tab.length; r++){
        for(j = 0; j < tab[r].length; j++){
            tab[r][j] = r*j;
        }
    }
}
```

7. 数组方法

下面开始介绍数组的方法，数组的方法有数组原型方法，也有从 object 对象继承来的方法，这里我们只介绍数组的原型方法，数组原型方法主要有以下几种。

1) join()

Array.join()方法将数组中所有元素都转化为字符串并连接在一起，返回最后生成的字符串。此方法可以指定一个可选的字符串来分隔数组的各个元素。如果不指定分隔符，默认使用逗号。例如：

```
var arr = [1, 2, 3];              //创建一个包含三个元素的数组
console.log(arr.join());          //打印出 1, 2, 3
console.log(arr.join("-"));       //打印出 1-2-3
console.log(arr);                 //打印出[1, 2, 3](原数组不变)
```

2) reverse()

Array.reverse()方法将数组中的元素颠倒顺序，返回逆序的数组。它采取了替换，换句话说，它不通过重新排列的元素创建新的数组，而是在原先的数组中重新排列元素。例如：

```
var arr = [13, 24, 51, 3];        //创建一个包含三个元素的数组
console.log(arr.reverse());       // [3, 51, 24, 13]
console.log(arr);                 // [3, 51, 24, 13](原数组改变)
```

3) sort()

Array.sort()方法将数组中的元素排序并返回排序后的数组。当不带参数调用 sort()时，数组元素以字母顺序排序，按升序排列数组项——最小的值位于最前面，最大的值排在最后面。在排序时，sort()方法会调用每个数组项的 toString()转型方法，然后比较得到的字符串，以确定如何排序。即使数组中的每一项都是数值，sort()方法比较的也是字符串，因此会出现以下的这种情况，例如：

```
var arr1 = ["a", "d", "c", "b"];  //创建一个包含四个元素的数组
console.log(arr1.sort());         // ["a", "b", "c", "d"]
arr2 = [13, 24, 51, 3];           //创建一个包含四个元素的数组
console.log(arr2.sort());         // [13, 24, 3, 51]
console.log(arr2);                // [13, 24, 3, 51](元数组被改变)
```

为了解决上述问题，sort()方法可以接收一个比较函数作为参数，以便我们指定哪个值位于哪个值的前面。比较函数接收两个参数，如果第一个参数应该位于第二个之前则返回一个负数，如果两个参数相等则返回 0，如果第一个参数应该位于第二个之后则返回一个正数。以下就是一个简单的比较函数：

```
function compare(value1, value2) {
    if (value1 < value2) {
        return -1;
    }
```

```
    else if (value1 > value2) {

        return 1;

    }

    else {

        return 0;

    }

}
arr2 = [13, 24, 51, 3];
console.log(arr2.sort(compare)); // [3, 13, 24, 51]
```

如果需要通过比较函数产生降序排序的结果，只要交换比较函数返回的值即可，代码如下：

```
function compare(value1, value2) {

    if (value1 < value2) {

        return 1;

    } else if (value1 > value2) {

        return -1;

    } else {

        return 0;

    }

}
arr2 = [13, 24, 51, 3];
console.log(arr2.sort(compare));        // [51, 24, 13, 3]
```

4) concat()

Array.concat()方法创建并返回一个新数组。它的元素包括调用 concat()的原始数组的元素和 concat()的每个参数。如果这些参数中的任何一个自身是数组，则连接的是数组的元素，而非数组本身。但要注意，concat()不会递归扁平化数组，也不会修改调用数组。例如：

```
var arr = [1, 3, 5, 7];                 //创建一个包含四个元素的数组
var arrCopy = arr.concat(9, [11, 13]);
console.log(arrCopy);                   // [1, 3, 5, 7, 9, 11, 13]
console.log(arr);                       // [1, 3, 5, 7](原数组未被修改)
```

从上面测试结果可以发现，传入的不是数组，则直接把参数添加到数组后面；如果传入的是数组，则将数组中的各个项添加到数组中。如果传入的是一个二维数组，代码如下：

```
var arrCopy2 = arr.concat([9, [11, 13]]);
console.log(arrCopy2);                   // [1, 3, 5, 7, 9, Array[2]]
console.log(arrCopy2[5]);                // [11, 13]
```

上述代码中，arrCopy2 数组的第五项是一个包含两项的数组，也就是说 concat 方法只能将传入数组中的每一项添加到数组中，如果传入数组中有些项是数组，那么也会把这一数组项当作一项添加到 arrCopy2 中。

5）slice()

Array.slice()方法返回指定数组的一个片段或者子数组。它的两个参数分别指定了片段的开始和结束的位置。返回数组包含第一个参数指定的位置和所有到但不含有第二个参数指定的位置之间的所有数组元素。如果只指定一个参数，返回的数组将包含从开始位置到数组结尾的所有元素。如参数出现负数，它表示相对于数组中最后一个元素的位置。例如：

```
var arr = [1, 3, 5, 7, 9, 11];              //创建一个包含六个元素的数组
var arrCopy = arr.slice(1);
var arrCopy2 = arr.slice(1, 4);
var arrCopy3 = arr.slice(1, -2);
var arrCopy4 = arr.slice(-4, -1);
console.log(arr);                           // [1, 3, 5, 7, 9, 11](原数组没变)
console.log(arrCopy);                       // [3, 5, 7, 9, 11]
console.log(arrCopy2);                      // [3, 5, 7]
console.log(arrCopy3);                      // [3, 5, 7]
console.log(arrCopy4);                      // [5, 7, 9]
```

6）splice()

Array.splice()方法是数组中插入或者删除元素通用方法。不同于 slice()和 concat()，splice()会修改调用的数组。注意 splice()和 slice()拥有非常相似的名字，但是它们的功能却有本质的区别。

splice()能够从数组中删除、插入元素到数组中或者同时完成这两种操作。在插入或删除点之后的数组元素会根据需要增加或减小它们的索引值，因此数组的其他部分还是保持连续的。splice()的第一个参数指定了插入或者删除的起始位置，第二个参数指定了应该从数组中删除的元素的个数。如果省略第二个参数，则表示从起始点开始到数组结尾的所有元素都将被删除。splice()返回一个有删除元素组成的数组，或者如果没有删除元素就返回一个空数组。例如：

```
var arr = [1, 3, 5, 7, 9, 11];              //创建一个包含六个元素的数组
var arrRemoved = arr.splice(0, 2);
console.log(arr);                           // [5, 7, 9, 11]
console.log(arrRemoved);                    // [1, 3]
var arrRemoved2 = arr.splice(2, 0, 4, 6);
console.log(arr);                           // [5, 7, 4, 6, 9, 11]
console.log(arrRemoved2);                   // []
var arrRemoved3 = arr.splice(1, 1, 2, 4);
console.log(arr);                           // [5, 2, 4, 4, 6, 9, 11]
console.log(arrRemoved3);                   // [7]
```

7）push()和 pop()

push()可以接收任意数量的参数,把它们逐个添加到数组末尾,并返回修改后数组的长度。

pop()将数组末尾移除最后一项，减少数组的 length 值，然后返回移除的项。

```
var arr = ["a", b", "c"];              //创建一个包含三个元素的数组
var count = arr.push("d", "e");
console.log(count);                    // 5
console.log(arr);                      // ["a", b", "c", "d", "e"]
var item = arr.pop();
console.log(item);                     // e
console.log(arr);                      // ["a", b", "c", "d"]
```

8) shift() 和 unshift()

shift()用于删除原数组第一项，并返回删除元素的值。如果数组为空则返回 undefined。

unshift()用于将参数添加到原数组开头，并返回数组的长度。

这组方法和上面的 push()和 pop()方法正好对应，shift()和 unshift()是操作数组的开头，push()和 pop()是操作数组的末尾。

```
var arr = ["a", b", "c"];              //创建一个包含三个元素的数组
var count = arr.unshift("d", "e");;
console.log(count);                    // 5
console.log(arr);                      // ["d", "e", "a", b", "c"]
var item = arr.shift();
console.log(item);                     // d
console.log(arr);                      // ["e", "a", b", "c"]
```

9) toString()

数组和其他的 JavaScript 对象一样拥有 toString()方法。针对数组，该方法将其每个元素转化为字符串，并且输出用逗号分隔的字符串列表。注意：输出不包括方括号或其他任何形式的包裹数值的分隔符，例如：

```
var   arr = [1, 2, 3].toString();       //生成 '1, 2, 3'
var   arr1 = ["a", "b", "c"].toString(); //生成 'a, b, c'
var   arr2 = [1, [2, "c"].toString();    //生成 '1, 2, c'
```

10) indexOf()和 lastIndexOf()

indexOf()用于接收两个参数：要查找的项和(可选的)表示查找起点位置的索引。其中，从数组的开头(位置 0)开始向后查找。

lastIndexOf()用于接收两个参数：要查找的项和(可选的)表示查找起点位置的索引。其中，从数组的末尾开始向前查找。

这两个方法都返回要查找的项在数组中的位置，或者在没找到的情况下返回–1。在比较第一个参数与数组中的每一项时，会使用全等操作符。

```
var arr = [1, 3, 5, 7, 7, 5, 3, 1];     //创建一个包含八个元素的数组
console.log(arr.indexOf(5));            //2
```

```
console.log(arr.lastIndexOf(5));              //5
console.log(arr.indexOf(5, 2));              //2
console.log(arr.lastIndexOf(5, 4));          //2
console.log(arr.indexOf("5"));               //-1
```

11) forEach()

forEach()用于对数组进行遍历循环，为每个元素调用指定的函数。这个方法没有返回值。参数都是 function 类型，默认有传参，参数分别为遍历的数组内容、对应的数组索引、数组本身。

```
var arr = [1, 2, 3, 4, 5];                   //创建一个包含五个元素的数组
arr.forEach(function(x, index, a){
    console.log(x + '|' + index + '|' + (a === arr));
});
// 输出为：
// 1|0|true
// 2|1|true
// 3|2|true
// 4|3|true
// 5|4|true
```

12) map()

map()用于对数组中的每一项运行给定函数，返回每次函数调用的结果组成的数组。

下面的代码利用 map 方法实现数组中每个数求平方：

```
var arr = [1, 2, 3, 4, 5];                   //创建一个包含五个元素的数组
var arr2 = arr.map(function(item){
    return item*item;
});
console.log(arr2);                           // [1, 4, 9, 16, 25]
```

13) filter()

filter()用于对数组中的每一项运行给定函数，返回满足过滤条件组成的数组，代码如下：

```
var arr = [1, 2, 3, 4, 5];                   //创建一个包含五个元素的数组
var arr2 = arr.every(function(x) {
    return x < 10;
});
console.log(arr2);                           // true
var arr3 = arr.every(function(x) {
    return x < 3;
});
});
console.log(arr3);                           // false
```

项目 10　省市级联动

14) some()

some()用于判断数组中是否存在满足条件的项，只要有一项满足条件，就会返回 true，代码如下：

```
var arr = [1, 2, 3, 4, 5];            //创建一个包含五个元素的数组
var arr2 = arr.some(function(x) {
    return x < 3;
});
console.log(arr2);                    // true
var arr3 = arr.some(function(x) {
    return x < 1;
});
console.log(arr3);                    // false
```

15) reduce()和 reduceRight()

这两个方法都会实现迭代数组的所有项，然后构建一个最终返回的值。reduce()方法从数组的第一项开始，逐个遍历到最后；而 reduceRight()则从数组的最后一项开始，向前遍历到第一项。

这两个方法都接收两个参数：一个在每一项上调用的函数和(可选的)作为归并基础的初始值。

传给 reduce()和 reduceRight()的函数接收 4 个参数：前一个值、当前值、项的索引和数组对象。这个函数返回的任何值都会作为第一个参数自动传给下一项。第一次迭代发生在数组的第二项上，因此第一个参数是数组的第一项，第二个参数就是数组的第二项。

下面的代码用 reduce()实现数组求和，数组一开始加了一个初始值 10：

```
ar values = [1, 2, 3, 4, 5];          //创建一个包含五个元素的数组
var sum = values.reduceRight(function(prev, cur, index, array){
    return prev + cur;
}, 10);
console.log(sum);                     //25
```

任务 2　省市级联动效果

10.2.1　为每个省份添加两个城市

每个省份下添加两个城市，效果如图 10.1、图 10.2 所示。

· 125 ·

图 10.1　添加城市 1

图 10.2　添加城市 2

用 JavaScript 脚本语言编写为每个省份添加两个城市的程序，代码如下：

```
<HTML>
<HEAD>
<META http-equiv = "Content-Type" content = "text/html; charset = gb2312">
<TITLE>注册</TITLE>
<SCRIPT language = "JavaScript">
    function changeCity( ){
        var province = document.myform.selProvince.value;
        var newOption1, newOption2;
        switch(province){
            case   "湖南省" :
                newOption1 = new Option("长沙市", "chengdu");
                newOption2 = new Option("株洲市", "luzhou");
                break;
            case "湖北省" :
                newOption1 = new Option("武汉市", "wuhan");
                newOption2 = new Option("随州", "xiangfan");
                break;
            case "山东省" :
```

```
                newOption1 = new Option("青岛市", "qingdao");
                newOption2 = new Option("烟台市", "yantai");
                break;
        }
        document.myform.selCity.options.length = 0;
        document.myform.selCity.options.add(newOption1);
        document.myform.selCity.options.add(newOption2);
    }
</SCRIPT>
</HEAD>

<BODY>
<FORM name = "myform"    action = "register_success.htm">
<TABLE width = "472" border = "0" align = "center" cellpadding = "0" cellspacing = "0">
    <TR>
        <TD colspan = "2"> </TD>
    </TR>
    <TR>
        <TD width = "185" align = "center">姓名 </TD>
        <TD width = "287"><INPUT name = "txtUserName" type = "text" size = "20"></TD>
    </TR>
    <TR>
        <TD align = "center">省份 </TD>
        <TD><SELECT name = "selProvince" onchange = "changeCity( )">
            <OPTION>--请选择开户账号的省份--</OPTION>
            <OPTION value = "湖南省">湖南省</OPTION>
            <OPTION value = "山东省">山东省</OPTION>
            <OPTION value = "湖北省">湖北省</OPTION>
                        </SELECT> </TD>
    </TR>
    <TR>
        <TD align = "center" valign = "bottom"> 城市 </TD>
        <TD> <P>
            <SELECT name = "selCity">
                <OPTION>--请选择开户账号的城市--</OPTION>
            </SELECT>
          </P>
        </TD>
    </TR>
    <TR>
        <TD> </TD>
```

```
        <TD> </TD>
    </TR>
    <TR>
        <TD colspan = "2"><DIV align = "center"><IMG src = "images/regquick.jpg" width = "114" height =
"27" onClick = "checkForm( )"></DIV></TD>
    </TR>
    <TR>
        <TD> </TD>
        <TD> </TD>
    </TR>
</TABLE>
</FORM>
</BODY>
</HTML>
```

10.2.2　使用数组优化省市级联动

使用数组优化代码，在每个省份下添加个数不同的城市，效果如图 10.3 所示。

图 10.3　效果图

用 JavaScript 脚本语言编写在每个省份下添加个数不同的城市的程度，代码一如下：

```
<SCRIPT language = "JavaScript">
    function changeCity( )
    {
        var cityList = new Array( );
        cityList[0] = ['成都', '绵阳', '德阳', '自贡', '内江', '乐山', '南充', '雅安', '眉山', '甘孜', '凉山', '泸州'];
        cityList[1] = ['济南', '青岛', '淄博', '枣庄', '东营', '烟台', '潍坊', '济宁', '泰安', '威海', '日照'];
        cityList[2] = ['武汉', '宜昌', '荆州', '襄樊', '黄石', '荆门', '黄冈', '十堰', '恩施', '潜江'];
        //获得省份选项的索引号，如四川省为 1，比对应数组索引号多 1
        var pIndex = document.myform.selProvince.selectedIndex-1;
```

```
    var newOption1;
    document.myform.selCity.options.length = 0;
    for (var j in cityList[pIndex])
    {
        newOption1 = new Option(cityList[pIndex][j], cityList[pIndex][j]);
        document.myform.selCity.options.add(newOption1);
    }
}
</SCRIPT>
```

代码二如下：

```
<SCRIPT language = "JavaScript">
    function changeCity( )
    {
        var province = document.myform.selProvince.value;
        var cityList = new Array( );
        cityList['山东省'] = ['济南', '青岛', '淄博', '枣庄', '东营', '烟台', '潍坊', '济宁', '泰安', '威海', '日照'];
        cityList['四川省'] = ['成都', '绵阳', '德阳', '自贡', '内江', '乐山', '南充', '雅安', '眉山', '甘孜', '凉山', '泸州'];
        cityList['湖北省'] = ['武汉', '宜昌', '荆州', '襄樊', '黄石', '荆门', '黄冈', '十堰', '恩施', '潜江'];
        document.myform.selCity.options.length=0;
        //获得省份选项的索引，这里使用标识
        var pIndex = document.myform.selProvince.value;
        var newOption1;
        document.myform.selCity.options.length = 0;
        for (var j in cityList[pIndex])
        {
            newOption1 = new Option(cityList[pIndex][j], cityList[pIndex][j]);
            document.myform.selCity.options.add(newOption1);
        }
    }
</SCRIPT>
```

10.2.3 制作多级联动效果

在网页中，选择不同的省份能出现不同的城市以供选择，并可以选择不同的城区，效果如图 10.4～图 10.6 所示。

图 10.4 多级联动效果 1

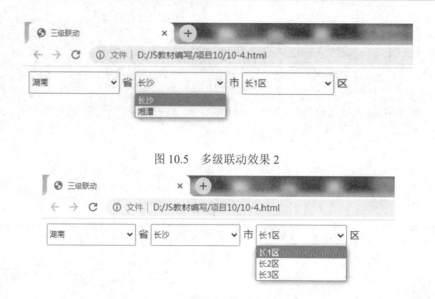

图 10.5　多级联动效果 2

图 10.6　多级联动效果 3

用 JavaScript 脚本语言编写在不同省份下选择城市及城区的程序，代码如下：

```
<!doctype html>
<html>
<head>
<meta charset = "utf-8">
<title>三级联动</title>
<style>
    select{
        width:150px;
        height:35px;
    }
</style>
</head>

<body>
    <select class = "sheng">
        <option>请选择</option>
    </select>
    <span>省</span>
    <select class = "shi">
    </select>
    <span>市</span>
    <select class = "qu">
```

```
</select>
<span>区</span>

<script>
    //获取到三个下拉列表
    var shengSelect   = document.querySelector(".sheng");
    var shiSelect = document.querySelector(".shi");
    var quSelect = document.querySelector(".qu");
    //设置省份、城市、市区
    var shenglist = ['湖南', '四川'];
    var shilist = [['长沙', '湘潭'], ['成都', '攀枝花']];
    var qulist = [
            [['长1区', '长2区', '长3区'], ['潭1区', '潭2区', '潭3区']],
            [['成1区', '成2区', '成3区'], ['攀1区', '攀2区', '攀3区']]
                ];
    //设置被选省的下标
    var shengIndex = 0;
    //加载省
    for(var i = 0; i < shenglist.length; i++){
        var shengOption = new Option(shenglist[i]);
        shengSelect.options.add(shengOption);
    }
    //选择省后加载市
    shengSelect.onchange = function(eve){
        shengIndex = eve.target.selectedIndex-1;
        if(shengIndex == -1){
            shiSelect.options.length = 0;
            quSelect.options.length = 0;
        }else{
            shiSelect.options.length = 0;
            quSelect.options.length = 0;
            for(var j = 0; j < shilist.length; j++){
                var shiOption = new Option(shilist[shengIndex][j]);
                shiSelect.options.add(shiOption);
            }
            //加载市的同时，加载第一个市的全部区
            for(var k = 0; k < qulist[shengIndex][0].length; k++){
                var quOption = new Option(qulist[shengIndex][0][k]);
                quSelect.options.add(quOption);
```

```
            }
        }
    }            //选择市后加载区
    shiSelect.onchange = function(eve){
        var shiIndex = eve.target.selectedIndex;
        quSelect.options.length = 0;
        for(var n = 0; n < qulist[shengIndex][shiIndex].length; n++){
            varquOption = new Option(qulist[shengIndex][shiIndex][n]);
            quSelect.options.add(quOption);
        }
    }
</script>
</body>
</html>
```

课 后 习 题

1. 选择题

(1) 以下_____语句不能创建数组。

A. var   myarray = new Array;

B. var   myarray = new Array(5);

C. var   myarray = new Array("hello", "hi", "greeings");

D. var   myarray = new Array[10];

(2) 以下_____将正确访问 cool 数组中的第 5 个元素。

A. cool[5]　　　　　B. cool(5)　　　　　C. cool[4]　　　　　D. cool(4)

(3) Array 对象的_____属性将返回表示数组长度的数值。

A. length 属性　　　　B. getLength 属性　　　C. size 属性　　　　D. getSize 属性

2. 简答题

(1) 简述数组的属性方法和事件。

(2) 讨论基于数组的省市级联动有何优点。

3. 编程题

(1) 已知数组 arr = [[1, 2, 3], [400, 500, 600], '-']，如何通过索引取到 500 这个值。

(2) 在新生欢迎会上，你已经拿到了新同学的名单，请输出显示：欢迎 XXX，XXX，XXX 和 XXX 同学！

(3) 完成基于数组的省市级联动程序的编写。

项目 11

JavaScript 的事件与处理

任务 1　先导知识：JavaScript 的事件

11.1.1　事件概述

用户可以通过多种方式与浏览器中的页面进行交互，而事件就是交互的桥梁。Web 应用程序开发人员通过 JavaScript 内置的和自定义的事件处理器来响应用户的动作，就可以开发出更具交互性、动态性的页面。

从广义上讲，JavaScript 中的事件是指用户载入目标页面直到该页面被关闭期间浏览器的动作及该页面对用户操作的响应。事件的复杂程度大不相同，简单的事件如鼠标的移动、当前页面的关闭、键盘的输入等，复杂的事件如拖曳页面图片或单击浮动菜单等。

事件处理器是指与特定的文本和特定的事件相联系的 JavaScript 脚本代码。当该文本发生改变或者事件被触发时，浏览器执行该代码并进行相应的处理操作。响应某个事件而进行的处理过程称为事件处理。

JavaScript 中的事件并不限于用户的页面动作(如 mousemove、click 等)，还包括浏览器的状态改变，如在绝大多数浏览器中获得支持的 load、resize 事件等。load 事件在浏览器载入文档时触发。如果某事件(如启动定时器、提前加载图片等)要在文档载入时触发，一般都在<body>标记里面加入类似于"onload = "MyFunction()""的语句。resize 事件则在用户改变了浏览器窗口的大小时触发。当用户改变窗口大小时，有时需改变文档页面的内容布局，使其以恰当、友好的方式显示给用户。

浏览器响应用户的动作，如鼠标单击按钮、链接等，并通过默认的系统事件与该动作相关联，但用户可以编写自己的脚本来改变该动作的默认事件处理器。例如模拟用户单击页面链接，该事件产生的默认操作是浏览器载入链接的 href 属性对应的 URL 地址所代表的页面，但利用 JavaScript 可很容易地编写另外的事件处理器来响应该单击鼠标的动作，代码如下：

```
<a href = "http://www.baidu.com/"
onclick = "javascript:this.href = 'http://www.sina.com/'">修改链接</a>
```

鼠标单击页面中的文本链接，其默认操作是浏览器载入该链接的 href 属性对应的 URL 地址(本例中为"http://www.baidu.com/")所代表的页面，但程序员可编写自定义的事件处理器，代码如下：

```
onclick = "javascript:this.href = 'http://www.sina.com/'"
```

通过该 JavaScript 脚本代码，上述事件的处理器取代了浏览器默认的事件处理器，并将页面引导至 URL 地址为"http://www.sina.com/"指向的页面。

事件发生的场合很多，包括浏览器本身的状态改变和页面中的按钮、链接、图片、层等。同时根据 DOM 模型，文本也可以作为对象并响应相关动作，如鼠标双击、文本被选择等。当然，事件的处理方法甚至于结果同浏览器环境都有很大的关系，但总的来说，浏览器的版本越新，所支持的事件处理器就越多，支持也就越完善。

11.1.2　HTML 文档事件

HTML 文档事件包括用户载入目标页面直到该页面被关闭期间浏览器的动作及该页面对用户操作的响应。

1. 事件绑定

HTML 文档将元素的常用事件(如 onclick、onmouseover 等)当作属性捆绑在 HTML 元素上，当该元素的特定事件发生时，对应于此特定事件的事件处理器就被执行，并将处理结果返回给浏览器。事件捆绑导致特定的代码放置在其所处对象的事件处理器中，代码如下：

```
<a href = "http://www.baidu.com/" onclick = "javascript:alert('You have Clicked the link!')">
    测试链接
</a>
```

上述代码为文本链接定义了一个 click 事件的处理器,返回警告框"You have Clicked the link!"。

同样，也可将该事件处理器独立出来，编成单独的函数来实现同样的功能。将下列代码加入文档的<body>和</body>标记对之间：

```
<a href = "http://www.baidu.com/" onclick = "MyClick()">测试链接</a>
```

自定义函数 MyClick()的实现代码如下：

```
function MyClick(){
    alert("You have Clicked the link!");
}
```

鼠标单击链接后，浏览器调用自定义的 click 事件处理器，并将结果(警告框"You have Clicked the link!")返回给浏览器。从事件处理器的实现形式来看，标记的 onclick 事件与其 href 属性地位均等，实现了 HTML 中的事件捆绑策略。

2. 事件分类

HTML 文档事件主要分为浏览器事件和 HTML 元素事件。

1) 浏览器事件

浏览器事件指载入文档直到该文档被关闭期间的浏览器事件，如浏览器载入文档事件 onload、关闭该文档事件 onunload、浏览器失去焦点事件 onblur、获得焦点事件 onfocus 等。考察如下代码：

```
<script type = "text/javascript">
    window.onload = function (){
        var msg = "\nwindow.load 事件 : \n\n";
```

```
        msg += " 浏览器载入了文档!";
        alert(msg);
    }
    window.onfocus = function (){
        var msg = "\nwindow.onfocus 事件 ：\n\n";
        msg += " 浏览器取得了焦点!";
        alert(msg);
    }
    window.onblur = function (){
        var msg = "\nwindow.onblur 事件 ：\n\n";
        msg += " 浏览器失去了焦点!";
        alert(msg);
    }
    window.onscroll = function (){
        var msg="\nwindow.onscroll 事件 ：\n\n";
        msg+=" 用户拖动了滚动条!";
        alert(msg);
    }
    window.onresize = function (){
        var msg = "\nwindow.onresize 事件 ：\n\n";
        msg += " 用户改变了窗口尺寸!";
        alert(msg);
    }
</script>
```

将上述函数分别保存为不同的网页，当载入这些文档时，触发 window.load 事件，弹出警告框，如图 11.1 所示。

图 11.1　载入事件

当把焦点给该文档页面时，触发 window.onfocus 事件，弹出警告框，如图 11.2 所示。

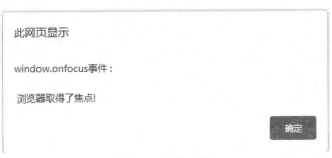

图 11.2　聚焦事件

当该页面失去焦点时，触发 window.onblur 事件，弹出警告框，如图 11.3 所示。

图 11.3　失焦事件

当用户拖动滚动条时，触发 window.onscroll 事件，弹出警告框，如图 11.4 所示。

图 11.4　滚动事件

当用户改变文档页面大小时，触发 window.onresize 事件，弹出警告框，如图 11.5 所示。

图 11.5　尺寸改变事件

浏览器事件一般用于处理窗口定位、设置定时器或者根据用户的喜好设定页面层次和内容等场合，使用较为广泛。

2) HTML 元素事件

在页面载入后，用户与页面的交互主要是指发生在按钮、链接、表单、图片等 HTML 元素上的用户动作，以及该页面对此动作所作出的响应。例如简单的鼠标单击按钮事件，元素为 button，事件为 click，事件处理器为 onclick()。只要了解了该事件的相关信息，程序员就可以编写此接口的事件处理程序(也称事件处理器)，以完成表单验证、文本框内容选择等功能。

HTML 文档中元素对应的事件因元素类型而异。表 11.1 列出了当前通用版本浏览器支持的常用事件触发类型。

表 11.1　常用事件触发类型

事件触发模型	简　要　说　明
onclick	鼠标单击链接
ondbclick	鼠标双击链接
onmousedown	鼠标在链接的位置按下
onmouseout	鼠标移出链接所在的位置
onmouseover	鼠标经过链接所在的位置
onmouseup	鼠标在链接的位置放开
onkeydown	键被按下
onkeypress	按下并放开该键
onkeyup	键被松开
onblur	失去焦点
onfocus	获得焦点
onchange	文本内容改变

HTML 文档事件的捆绑特性决定了脚本程序员可以将这些事件当作目标的属性，在使用过程中只需修改其属性值即可。考察如下文本框各事件的测试代码：

```
<script language = "JavaScript" type = "text/javascript">
    function MyBlur(){
        var msg = "\n 文本框 onblur()事件 : \n\n";
        msg += " 文本框失去了当前输入焦点!";
        alert(msg);
    }
    function MyFocus(){
        var msg = "\n 文本框 onfocus()事件 : \n\n";
        msg += " 文本框获得了当前输入焦点!";
        alert(msg);
    }
    function MyChange(){
```

```
        var msg = "\n 文本框 onchange()事件 : \n\n";
        msg += " 文本框的内容发生了改变!";
        alert(msg);
    }
    function MySelect(){
        var msg = "\n 文本框 onselect()事件 : \n\n";
        msg += " 选择了文本框中的某段文本!";
        alert(msg);
    }
</script>
    <input type = "text" value = "测试 1" onblur = "MyBlur()"/>
    <input type = "text" value = "测试 2" onfocus = "MyFocus()"      />
    <input type = "text" value = "测试 3" onchange = "MyChange()"         />
    <input type = "text" value = "测试 4" onselect = "MySelect()"      />
```

程序运行后，根据用户的页面动作触发不同的事件处理器(即对应的函数)。

(1) 鼠标点击文本框外的其他文档区域后，文本框失去当前输入焦点，触发 MyBlur()
函数，返回警告框，如图 11.6 所示。

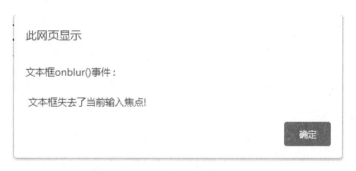

图 11.6 失焦事件

(2) 鼠标点击文本框后，文本框获得当前输入焦点，触发 MyFocus()函数，返回警告框，
如图 11.7 所示。

图 11.7 聚焦事件

(3) 修改文本框的文本后，鼠标在文本框外文档中任意位置点击，触发 MyBlur()函数
的同时，触发 MyChange()函数，返回警告框，如图 11.8 所示。

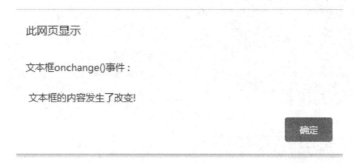

图 11.8　文本内容改变事件

(4) 在文本框获得焦点后，用鼠标选择某段文本，触发函数 MySelect()函数，返回警告框，如图 11.9 所示。

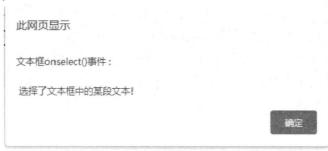

图 11.9　选择文本事件

HTML 元素事件在表单提交、在线办公、防止网站文章被复制、禁止下载网页中的图片等方面应用十分广泛，主要是能有效地识别用户的动作并做出相应的反应，如返回警告框，执行 window.close()关闭页面等。

3. 获得页面元素

在对事件进行处理之前，我们先了解一下如何获得页面中的某个特定元素，以便对该元素进行简单的操作。在 HTML4 版本中添加了 HTML 元素的 id 属性来定位文档对象，基本上页面中的每一个元素都可以设置 id 属性，无论是\<p\>、\<b\>标记，还是表单元素\<input\>等，通过调用 document 对象的 getElementById()方法可以获得该元素，代码如下：

```
var elm = document.getElementById(id);
```

该方法以元素的 id 属性值作为参数，返回值则是通过该 id 所获得的对应页面元素，接下来可以操作该元素，我们来看下面这个简单的例子：

```
<script language = "JavaScript" type = "text/javascript">
    function changeSize(){
        var inp = document.getElementById("txt");
        inp.size += 5;
    }
</script>
<input id = "txt" size = "10"/>
<input type = "button" value = "加长" onclick = "changeSize()"/>
```

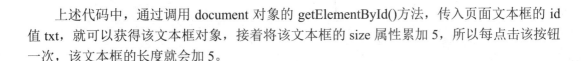

上述代码中，通过调用 document 对象的 getElementById()方法，传入页面文本框的 id 值 txt，就可以获得该文本框对象，接着将该文本框的 size 属性累加 5，所以每点击该按钮一次，该文本框的长度就会加 5。

任务2　JavaScript 的处理

尽管 HTML 事件属性可以将事件处理器绑定为文本的一部分,但其代码一般较为短小,功能较弱，适用于只做简单的数据验证、返回相关提示信息等场合。相比较而言，使用 JavaScript 可以更为方便地处理各种事件。

JavaScript 处理事件主要可通过匿名函数、显式声明、手工触发等方式进行，这几种方式在隔离 HTML 文本结构与逻辑关系的程度方面略有不同。

11.2.1　匿名函数

匿名函数的方式即使用 Function 对象构造匿名函数，并将其方法复制给事件，此时该匿名的函数成为该事件的事件处理器。考察如下代码：

```
<html>
<head>
<title>匿名函数处理事件</title>
</head>
<body>
<center>
<br>
<p>单击"事件测试"按钮，通过匿名函数处理事件</p>
<form name = MyForm id = MyForm>
<input type = button name = MyButton id = MyButton value = "事件测试">
</form>
<script language = "JavaScript" type = "text/javascript">
    document.getElementById("MyButton").onclick = function(){
        alert("You Have clicked me!");
    }
</script>
</center>
</body>
</html>
```

程序运行结果如图 11.10 所示。

图 11.10　运行结果

上述程序代码中，关键代码如下：

```
document.getElementById("MyButton").onclick = function(){
    alert("You Have clicked me!");
}
```

此代码将名为 MyButton 的 button 元素的 click 动作的事件处理器设置为新生成的匿名函数。鼠标单击该按钮后，响应"单击"事件，并返回警告框。

11.2.2　显式声明

我们在设置事件处理器时，也可以不使用匿名函数，而是将该事件的处理器设置为已经存在的函数。考察图片翻转的实例，代码如下：

```
<html>
<head>
<title>事件处理 2</title>
<script language = "JavaScript" type = "text/javascript">
    function MyImageA(){
        document.getElementById("MyPic").src = "2.jpg";
    }
    function MyImageB(){
        document.getElementById("MyPic").src = "1.jpg";
    }
</script>
</head>
<body>
<center>
<p>在图片内外移动鼠标，图片轮换</p>
<img name = "MyPic" id = "MyPic" src = "1.jpg" width = 300 height = 200></img>
<script language = "JavaScript" type = "text/javascript">
    document.getElementById("MyPic").onmouseover = MyImageA;
    document.getElementById("MyPic").onmouseout = MyImageB;
</script>
</center>
```

```
</body>
</html>
```

程序运行结果如图 11.11 所示。

在图片内外移动鼠标，图片轮换

图 11.11　运行结果

当鼠标移动到图片区域时，图片发生变化，如图 11.12 所示。

在图片内外移动鼠标，图片轮换

图 11.12　运行结果

当鼠标离开图片区域时，显示默认图片，如图 11.11 所示，实现了图片的翻转。可将此法扩展为多幅新闻图片定时轮流播放的广告模式。

首先，在<head>和</head>标记对之间嵌套 JavaScript 脚本，定义两个函数，代码如下：

```
function MyImageA(){
    …
}
function MyImageB(){
```

```
    ...
}
```

然后，通过 JavaScript 脚本代码将<IMG>标记元素的 MouseOver 事件的处理器设置为已定义的函数 MyImageA()，将其 MouseOut 事件的处理器设置为已定义的函数 MyImageB()，代码如下：

```
document.all.MyPic.onMouseOver = MyImageA;
document.all.MyPic.onMouseOut = MyImageB;
```

由以上调用过程可以看出，通过显式声明的方式定义事件的处理器代码紧凑，可读性强，且对显式声明的函数没有任何限制，还可将该函数作为其他事件的处理器，较之匿名函数的方式实用。

11.2.3　手工触发

手工触发事件的原理相当简单，就是通过其他元素的方法来触发一个事件，而不需要通过用户的动作来触发该事件。在 11.2.2 节源程序的</script>和</center>标记之间插入如下代码：

```
<form name = "MyForm" id = "MyForm">
    <input type = button name = MyButton id = MyButton value = "测试"
    onclick = "document.getElementById('MyPic').onMouseOver();"
    onblur = "document.getElementById('MyPic').onMouseOut();">
<form>
```

保存上面的程序代码，程序运行后显示默认图片"1.jpg"；单击"测试"按钮，将显示图片"2.jpg"；按钮失去焦点后，图片发生变化，显示图片"1.jpg"。

如果某个对象的事件有其默认的处理器，此时再设置该事件的处理器时，将可能有意外的情况出现。考察如下代码：

```
<script language = "JavaScript" type = "text/javascript">
function MyTest(){
    var msg = "默认提交与其他提交方式返回不同的结果: \n\n";
    msg += " 点击"测试"按钮, 直接提交表单.\n";
    msg += " 点击"确认"按钮, 触发 onsubmit()方法, 然后提交表单.\n";
    alert(msg);
}
</script>
<form id=MyForm1 onsubmit = "MyTest()" action = "target.html">
<input type = button value = "测试" onclick = "document.getElementById('MyForm1').submit();">
<input type = submit value = "确认">
```

程序运行后，单击"测试"按钮，触发表单的提交事件，并直接将表单提交给目标页面"target.html"；单击表单默认触发提交事件的"确认"按钮，将弹出如图 11.13 所示的警告框；单击警告框中的"确认"按钮后，将表单提交给目标页面"target.html"。

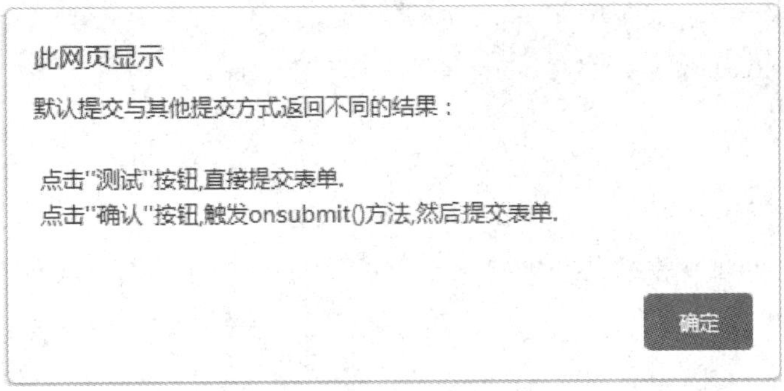

此网页显示

默认提交与其他提交方式返回不同的结果：

点击"测试"按钮,直接提交表单.
点击"确认"按钮,触发onsubmit()方法,然后提交表单.

确定

图 11.13 提交表单

注意：使用 JavaScript 脚本设置事件处理器时要分外小心，因为 JavaScript 事件处理器是对字符大小写敏感的。设置目标对象中并不存在的事件的处理器将会给对象添加一个新的属性，而调用目标对象中并不存在的属性一般将导致页面运行出现错误。

任务3 事件处理器设置的灵活性

由于 HTML 将事件看成对象的属性，因此可以通过给该属性赋值来改变事件的处理器，这给使用 JavaScript 脚本来设置事件处理器带来了很大的灵活性。考察如下代码：

```
<script type = "text/javascript">
//设置事件处理器 MyHandlerA
    function MyHandlerA(){
        var msg = "提示信息 ：\n\n";
        msg += " 1、触发该按钮的 click 事件的处理器 MyHandlerA()!\n";
        msg += " 2、改变该按钮的 click 事件的处理器为 MyHandlerB()!\n";
        alert(msg);
        //修改按钮 value 属性
        document.getElementById("MyButton").value = "测试按钮 ：触发事件处理器 B";
        //修改按钮的 click 事件的处理器为 MyHandlerB
        document.getElementById("MyButton").onclick = MyHandlerB;
    }
//设置事件处理器 MyHandlerB
function MyHandlerB(){
    var msg = "提示信息 ：\n\n";
    msg += " 1、触发该按钮的 click 事件的处理器 MyHandlerB()!\n";
    msg += " 2、改变该按钮的 click 事件的处理器为 MyHandlerA()!\n";
```

```
        alert(msg);
        document.getElementById("MyButton").value = "测试按钮 ：触发事件处理器 A";
        document.getElementById("MyButton").onclick = MyHandlerA;
    }
</script>
<form name = "MyForm">
    <input type = "button" id = "MyButton" value = "测试按钮 ：触发事件处理器 A">
    <br>
</form>
<script language = "JavaScript" type = "text/javascript">
    //设置按钮的 click 事件的初始处理器为 MyHandlerA
    document.getElementById("MyButton").onclick = MyHandlerA;
</script>
```

程序运行后，单击"测试按钮：触发事件处理器 A"按钮，弹出的警告框如图 11.14 所示。

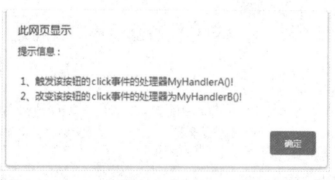

图 11.14　警告框 1

在上述警告框中单击"确定"按钮后，返回到原始页面，更改按钮的 value 属性为"测试按钮：触发事件处理器 B"。继续单击该按钮后，弹出的警告框如图 11.15 所示。

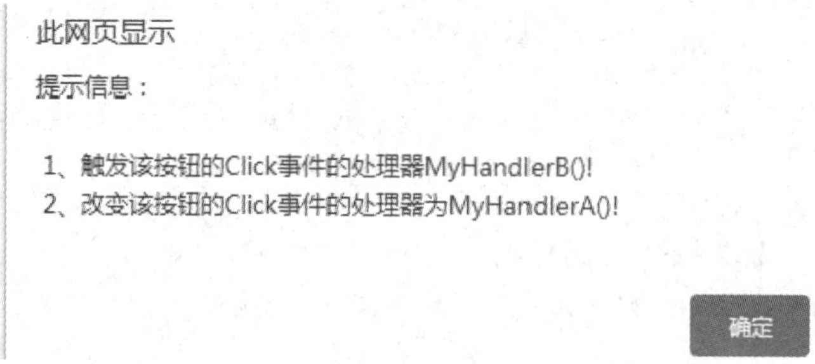

图 11.15　警告框 2

在上述警告框中单击"确定"按钮后，返回到原始页面，更改按钮的 value 属性为"测试按钮：触发事件处理器 B"，继续操作可以发现过程循环。

由程序运行结果可见，主要过程分为 4 步：

(1) 文档载入后，通过属性赋值的方式将按钮的 click 事件默认的事件处理器设置为

MyHandlerA，代码如下：

```
document.getElementById("MyButton").onclick = MyHandlerA;
```

(2) 单击按钮后，触发 click 事件当前的事件处理器 MyhandlerA，后者返回提示信息并将按钮的 value 属性更改，同时将其 click 事件当前的事件处理器设置为 MyhandlerB，代码如下：

```
document.getElementById("MyButton").value = "测试按钮：触发事件处理器 A";
document.getElementById("MyButton").onclick = MyHandlerA;
```

(3) 在提示页面单击"确定"按钮，返回到原始页面后，再次单击按钮，触发 Click 事件当前的事件处理器 MyhandlerB，后者返回提示信息并将按钮的 value 属性更改，同时将其 click 事件当前的事件处理器设置为 MyhandlerA，代码如下：

```
document.getElementById("MyButton").value = "测试按钮：触发事件处理器 B";
document.getElementById("MyButton").onclick = MyHandlerB;
```

(4) 在提示页面单击"确定"按钮，返回到原始页面后，返回步骤(2)。

在 JavaScript 脚本中根据复杂的客户端环境及时更改事件的处理器，可大大提高页面的交互能力。

值得注意的是，在给对象的事件属性赋值为事件处理函数时，要省略函数后面的括号，且对象和函数要在显式赋值语句之前定义。

课 后 习 题

1. 选择题

(1) 如下代码的作用是_____。

    `<a href = "javascript:close();">点我看看</a>`

A. 关闭当前窗口　　　　　　　　B. 弹出提示窗口

C. 刷新当前窗口　　　　　　　　D. 重载当前窗口

(2) 用户更改表单元素 select 中的值时，就会调用_____事件处理程序。

A. onclick　　　　　　　　　　B. onchange

C. onmouseover　　　　　　　　D. onfocus

(3) 要求用 JavaScript 实现下面的功能：当一个文本框中的内容发生改变后，单击页面的其他部分将弹出一个消息框，用于显示文本框中的内容。下面语句正确的是_____。

  A.　`<INPUT TYPE = "text" onchange = "alert(text.value)"/>`

  B.　`<INPUT TYPE = "text" onchange = "alert(this.value)"/>`

  C.　`<INPUT TYPE = "text" onclick = "alert(this.value)"/>`

  D.　`<INPUT TYPE = "text" onclick = "alert(value)"/>`

(4) 分析下面的 JavaScript 代码段：

    `<FORM>`

    `<INPUT TYPE = "text" name = "Text1" value = "Text1">`

　　　　<INPUT TYPE = "text" name = "Text2" value = "Text2" onfocus = alert("我是焦点") onblur = alert("我不是焦点！")>

　　　　</FORM>

下面的说法正确的是_____。(选择两项)

A. 假如现在输入光标在 Text1 上，用鼠标单击页面上除 Text2 以外的其他部分时，弹出"我不是焦点"消息框

B. 假如现在输入光标在 Text2 上，用鼠标单击页面的其他部分时，弹出"我不是焦点"消息框

C. 当用鼠标选中 Text2 时，弹出"我是焦点"消息框，再用鼠标选中 Text1 文本框时，弹出"我不是焦点"消息框

D. 当用鼠标选中 Text1 时，弹出"我是焦点"消息框，再用鼠标选中 Text2 文本框时，弹出"我不是焦点"消息框

2. 简答题

(1) 简述什么是事件。

(2) 列举几个常用的浏览器事件。

(3) 列举几个常用的 HTML 元素事件。

(4) 简述 JavaScript 如何处理事件。

项目 12

节点操作

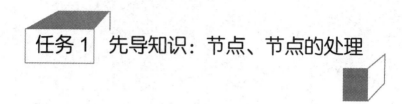

任务 1 先导知识：节点、节点的处理

12.1.1 节点的定义

根据 W3C 的 HTML DOM 标准，HTML 文档中的所有内容都是节点。

(1) 整个文档是一个文档节点。

(2) 每个 HTML 元素是元素节点。

(3) HTML 元素内的文本是文本节点。

(4) 每个 HTML 属性是属性节点。

(5) 注释是注释节点。

通过 HTML DOM，上述的所有节点均可通过 JavaScript 进行访问；所有 HTML 元素(节点)均可被修改，也可以创建或删除节点；通过可编程的对象模型，JavaScript 获得了足够的能力来创建动态的 HTML。

12.1.2 节点的层级关系

节点树中的节点彼此拥有层级关系，父(parent)、子(child)和同胞(sibling)等术语用于描述这些关系。父节点拥有子节点，同级的子节点被称为同胞(兄弟或姐妹)。

(1) 在节点树中，顶端节点被称为根(root)。

(2) 每个节点都有父节点，除了根(它没有父节点)。

(3) 一个节点可拥有任意数量的子节点。

(4) 同胞是拥有相同父节点的节点。

图 12.1 展示了节点树的一部分以及节点与节点之间的关系。

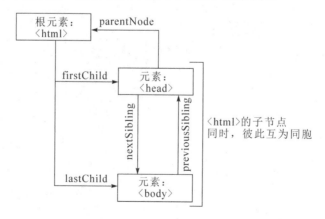

图 12.1 节点的层级关系

下面的 HTML 代码展示了节点树的一部分以及节点与节点之间的关系：

```
<html>
<head>
<title>DOM</title>
</head>
<body>
<h1>DOM</h1>
<p>Hello world!</p>
</body>
</html>
```

从上面的代码中可以看出：

- <html>节点没有父节点，它是根节点。
- <head>和<body>的父节点是<html>节点。
- 文本节点 "Hello world!" 的父节点是<p>节点。
- <html>节点拥有两个子节点：<head>和<body>。
- <head>节点拥有一个子节点：<title>节点。
- <title>节点也拥有一个子节点：文本节点 "DOM "。
- <h1>和<p>节点是同胞节点，同时也是<body>的子节点。
- <head>元素是<html>元素的首个子节点。
- <body>元素是<html>元素的最后一个子节点。
- <h1>元素是<body>元素的首个子节点。
- <p>元素是<body>元素的最后一个子节点。

JavaScript 通过内建的 document 对象访问和操作 HTML DOM。

12.1.3 节点的属性

HTML 文档中的节点主要有以下重要属性，如表 12.1 所示。

表 12.1 节 点 属 性

节点属性	附 加 说 明
nodeName	返回当前节点名字
nodeValue	返回当前节点的值，仅对文本节点
nodeType	返回与节点类型相对应的值
parentNode	引用当前节点的父节点，如果存在的话
childNodes	访问当前节点的子节点集合，如果存在的话
firstChild	对标记的子节点集合中第一个节点的引用，如果存在的话
lastChild	对标记的子节点集合中最后一个节点的引用，如果存在的话
previousSibling	对同属一个父节点的前一个兄弟节点的引用
nextSibling	对同属一个父节点的下一个兄弟节点的引用
attributes	返回当前节点(标记)属性的列表
ownerDocument	指向包含节点(标记)的 HTML document 对象

下面的程序代码演示了在节点树中按照节点之间的关系检索出各个节点、使用节点的各属性：

```
<html>
<head>
<title>节点的查找和属性</title>
</head>
<body>
<p id = "p1">Welcome to<i> DOM </i>World! </p>
<script language = "JavaScript" type = "text/javascript">
    //输出节点属性
    function nodeStatus(node){
        var temp = "";
        if(node.nodeName != null){
            temp += "nodeName: "+node.nodeName+"\n";
        }else{
            temp += "nodeName: null!\n";
        }
        if(node.nodeType != null){
            temp += "nodeType: "+node.nodeType+"\n";
        }else{
            temp += "nodeType: null\n";
        }
        if(node.nodeValue != null){
            temp += "nodeValue: " + node.nodeValue + "\n\n";
        }else{
            temp += "nodeValue: null\n\n";
        }
        return temp;
    }
    //处理并输出节点信息
    //返回 id 属性值为 p1 的元素节点
    var currentElement = document.getElementById('p1');
    var msg = nodeStatus(currentElement);
    //返回 p1 的第一个孩子，即文本节点"Welcome to"
    currentElement = currentElement.firstChild;
    msg += nodeStatus(currentElement);
    //返回文本节点"Welcome to"的下一个同父节点，即元素节点 i
    currentElement = currentElement.nextSibling;
```

```
    msg += nodeStatus(currentElement);
    //返回元素节点 i 的第一个孩子，即文本节点"DOM"
    currentElement = currentElement.firstChild;
    msg += nodeStatus(currentElement);
    //返回文本节点"DOM"的父节点，即元素节点 i
    currentElement = currentElement.parentNode;
    msg += nodeStatus(currentElement);
    //返回元素节点 i 的同父节点，即文本节点"Welcome to"
    currentElement = currentElement.previousSibling;
    msg += nodeStatus(currentElement);
    //返回文本节点"Welcome to"的父节点，即元素节点 P
    currentElement = currentElement.parentNode;
    msg += nodeStatus(currentElement);
    //返回元素节点 P 的最后一个孩子，即文本节点"World!"
    currentElement = currentElement.lastChild;
    msg += nodeStatus(currentElement);
    //输出节点属性
    alert(msg);
</script>
</body>
</html>
```

代码运行结果如图 12.2 所示。

此网页显示

nodeName: P
nodeType: 1
nodeValue: null

nodeName: #text
nodeType: 3
nodeValue: Welcome to

nodeName: I
nodeType: 1
nodeValue: null

nodeName: #text
nodeType: 3
nodeValue: DOM

nodeName: I
nodeType: 1
nodeValue: null

nodeName: #text
nodeType: 3
nodeValue: Welcome to

图 12.2 节点及属性

12.1.4　元素的查找

JavaScript 内建的 document 对象以及节点对象均提供了三个在 HTML DOM 中查找到指定节点对象的方法。

(1) getElementById()方法：该方法返回该对象下带有指定 ID 的节点对象。

(2) getElementsByTagName()方法：该方法返回该对象下所有指定标签名称的节点对象数组。

(3) getElementsByClassName()方法：该方法返回该对象下所有指定类名的节点对象数组。

1. getElementById()方法

HTML 允许为每个元素指定 id 属性，id 属性的值应该在同一 HTML 文档中唯一。getElementById()方法通过指定 id 属性的值来查找到 HTML DOM 中唯一的节点对象，JavaScript 脚本代码如下：

```
var intro = document.getElementById("intro");
```

通过对 JavaScript 内建的 document 对象调用 getElementById()方法，查找到文档中 id 属性值为 intro 的节点对象，并将该对象赋值给变量 intro。

2. getElementsByTagName()方法

getElementsByTagName()方法通过指定 HTML 标签名称来查找到所有该标签的节点对象，JavaScript 脚本代码如下：

```
var h1 = document.getElementsByTagName("h1");
```

通过对 JavaScript 内建的 document 对象调用 getElementsByTagName()方法，查找到文档中所有的 h1 元素节点对象组成的数组，并将该数组赋值给变量 h1。

3. getElementsByClassName()方法

HTML 允许为每个元素指定 class 属性，class 属性的值在同一 HTML 文档中允许重复。通过指定 class 属性的值来查找到 HTML DOM 中所有 class 属性为该值的节点对象组成的数组，JavaScript 代码如下：

```
var odd = document.getElementsByClassName("odd");
```

通过对 JavaScript 内建的 document 对象调用 getElementsByClassName()方法，查找到文档中所有的 class 属性为 odd 的元素节点对象组成的数组，并将该数组赋值给变量 odd。

12.1.5　节点操作方法

由于节点具有易于操纵、对象明确等特点，DOM 供了非常丰富的节点处理方法来对各种节点进行操作，包括的节点有对象节点、文本节点和属性节点，如表 12.2 所示。

表 12.2 节点的常用方法

操作类型	方 法 原 型	附 加 说 明
生成节点	createElement(tagName)	创建由 tagName 指定类型的标记
	createTextNode(string)	创建包含字符串 string 的文本节点
	createAttribute(name)	针对节点创建由 name 指定的属性，不常用
	createComment(string)	创建由字符串 string 指定的文本注释
插入和添加节点	appendChild(newChild)	添加子节点 newChild 到目标节点上
	insertBefore(newChild, targetChild)	将新节点 newChild 插入目标节点 targetChild 之前
复制节点	cloneNode(bool)	复制节点自身，由逻辑量 bool 确定是否复制子节点
删除和替换节点	removeChild(childName)	删除由 childName 指定的节点
	replaceChild(newChild, oldChild)	用新节点 newChild 替换旧节点 oldChild

1. 创建节点、追加节点

(1) createElement(标签名)创建一个元素节点(具体的一个元素)。

(2) appendChild(节点)追加一个节点。

(3) createTextNode(节点文本内容)创建一个文本节点

用 JavaScript 脚本语言编写创建节点、追加节点的程序，代码如下：

```
<script   type = "text/javascript">
function   appendDIV(){
    var oDiv = document.createElement("div");
    //创建一个 div 元素，因为是 document 对象的方法
    var oDivText = document.createTextNode("666");
    //创建一个文本节点内容是"666"，因为是 document 对象的方法
    oDiv.appendChild(oDivText);
    //父级.appendChild(子节点);在 div 元素中添加"666"
    document.body.appendChild(oDiv);
    //父级.appendChild(子节点);;document.body 指向<body>元素
    document.documentElement.appendChild(createNode);
    //父级.appendChild(子节点);;document.documentElement 指向<html>元素
}
</script>
```

2. 插入节点

(1) appendChild(节点)是一种插入节点的方式，还可以添加已经存在的元素，会将其元素从原来的位置移到新的位置。

(2) insertBefore(a, b)是参照节点，意思是 a 节点会插入 b 节点的前面。

用 JavaScript 脚本语言编写插入节点的程序，代码如下：

```
<script   type = "text/javascript">
    var oDiv = document.createElement("div");
    //创建一个 div 元素，因为是 document 对象的方法。
    var oDiv1 = document.getElementById("div1");
    document.body.insertBefore(oDiv, oDiv1);
    //在 oDiv1 节点前插入新创建的元素节点
    ul.appendChild(ul.firstChild);
    //把 ul 的第一个元素节点移到 ul 子节点的末尾
</script>
```

3. 删除、移除节点

removeChild(节点) 删除一个节点，用于移除删除一个参数(节点)。其返回的被移除的节点，被移除的节点仍在文档中，只是文档中已没有其位置了。

用 JavaScript 脚本语言编写删除、移除节点的程序，代码如下：

```
<script   type = "text/javascript">
    var removeChild = document.body.removeChild(div1);
    //移除 document 对象的方法 div1
</script>
```

4. 替换节点

replaceChild(插入的节点，被替换的节点)用于替换节点，接受两个参数，第一参数是要插入的节点，第二个是要被替换的节点。返回的是被替换的节点。

用 JavaScript 脚本语言编写替换节点的程序，代码如下：

```
<script   type = "text/javascript">
    var replaceChild = document.body.replaceChild(div1, div2);
    //将 div1 替换 div2
</script>
```

5. 查找节点

(1) childNodes 包含文本节点和元素节点的子节点。

(2) children 也可以获取子节点，而且兼容各种浏览器。

(3) parentNode：获取父节点。

用 JavaScript 脚本语言编写查找节点的程序，代码如下：

```
<script   type = "text/javascript">
```

```
for (var i = 0; i < oList.childNodes.length; i++) {          //oList 是做的 ul 的对象
    //nodeType 是节点的类型，利用 nodeType 来判断节点类型，再去控制子节点
    //nodeType == 1  是元素节点
    //nodeType == 3  是文本节点
    if (oList.childNodes[i].nodeType == 1) {          //查找到 oList 内的元素节点
        console.log(oList.childNodes[i]);          //在控制器日志中显示找到的元素节点
    }
}
var oList = document.getElementById('list');          //oList 是做的 ul 的对象
var oChild = document.getElementById('child');          //oChild 是做的 ul 中的一个 li 的对象
console.log(oChild.parentNode);          //在控制器日志中显示父节点
console.log(oList.children);          //在控制器日志中显示 oList 子节点
console.log(children.length)          //子节点的个数
</script>
```

任务 2　表格的节点操作

12.2.1　表格行的添加和删除(一)

1. 程序要求

点击"添加"按钮可以添加行，点击"删除"按钮可以删除行，点击"修改"按钮则返回一个警告框，效果如图 12.3 所示。

| 文件 | D:/JS教材编写/项目12/表格操作.html |

| 添加 | 批量导入 | 批量删除 |

编号	班级	姓名	性别	年龄	邮箱	手机	操作
☐		0.4394490019451145					删除 修改
☐		0.962178638397176					删除 修改

图 12.3　表格行的添加和删除

2. 程序编写

用 JavaScript 脚本语言编写上述表格行的添加和删除的程序，代码如下：

```
<script>
    //获取 id 为 btn_add 的元素
    var btn_add = document.getElementById("btn_add");
    //获取标签名字为 tbody 的第一个标签
    var tbody = document.getElementsByTagName("tbody")[0];
    // 为删除按钮绑定事件处理函数
    tbody.onclick = function(event){
        var target = event.target;
        //如果触发事件的节点名是 a
        if(target.nodeName === "A")
        {
            //如果触发事件的 class 是 btn_del
            if(target.className === "btn_del")
            {
                //移除 tody 下的孩子节点
                tbody.removeChild(target.parentNode.parentNode)
            }
            //如果触发事件的 class 名字是 btn_upd，修改操作不做具体处理
            if(target.className === "btn_upd")
            {
                alert("修改");
            }
        }
    }
    // 为添加按钮绑定事件处理函数
    btn_add.onclick = function(event){
        // 产生一个 tr，新添加行等于复制隐藏行
        var newTr = tbody.firstElementChild.cloneNode(true);
        //新添加行的第 2+1 列的值为 0-1 之间的随机小数
        newTr.children[2].innerHTML = "<strong>" + Math.random() + "</strong>";
        //新添加行的 class 名字为 0-1 之间的随机小数，使其与复制的行不同，避免前面 CSS 影响被隐藏
        newTr.className = Math.random();
        // 将一个 tr 追加到 tbody
        tbody.appendChild(newTr);
    };
</script>
```

12.2.2 表格行的添加和删除(二)

1. 程序要求

在文本框内输入内容并点击"保存"按钮后,表格生成新的一行,如点击"删除"按钮时,删除相应的行,效果如图 12.4 所示。

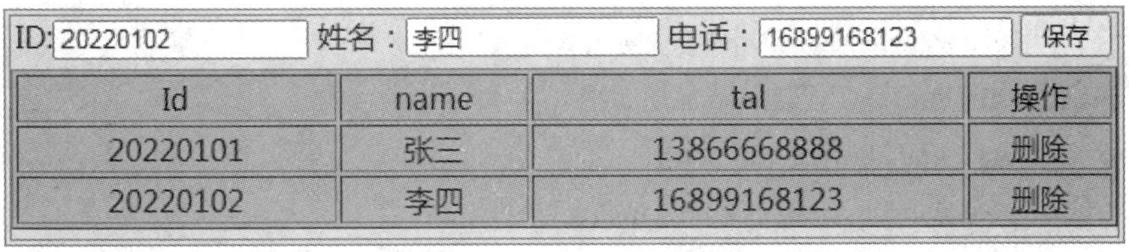

ID:20220102	姓名:李四	电话:16899168123	保存

Id	name	tal	操作
20220101	张三	13866668888	删除
20220102	李四	16899168123	删除

图 12.4 表格行的添加和删除

2. 程序编写

用 JavaScript 脚本语言编写上述表格行的添加和删除的程序,代码如下:

```
<!DOCTYPE html>
<html>
<head>
<meta charset = "UTF-8">
<title></title>
<style type = "text/css">
    #box{
        margin:0 auto;
        background:yellow;
        border:4px double #808080;
        width:600px;
        text-align:center;
    }
    #box input{
        width:130px;
    }
    #box table{
        margin:5px 0;
        background:lawngreen;
    }
</style>
<script type = "text/javascript">
    onload = function(){
```

```
        var aInput = document.getElementsByTagName('input');
        var bTn = document.getElementById('btn');
        var table = document.getElementsByTagName('table')[0];

        bTn.onclick = function(){

            var oTr = document.createElement('tr');//创建节点
            table.appendChild(oTr);//创建 table 的子节点 tr
            for(var i = 0; i < aInput.length-1; i++){
                var oTd = document.createElement('td');//创建节点
                oTd.innerHTML = aInput[i].value;//给表格赋内容
                oTr.appendChild(oTd);//创建 tr 的子节点 td
            }

            var oTd = document.createElement('td') ;//创建节点
            oTd.innerHTML = '<a href = "javascript:;" rel = "external nofollow" rel = "external nofollow">删除

            </a>';//给表格赋内容
            oTr.appendChild(oTd);//创建 tr 的子节点 td

            oTd.getElementsByTagName('a')[0].onclick = function(){
                table.deleteRow(1);
            }
        }
    }
</script>
</head>
<body>
<div id = "box">
    ID:<input type = "text" name = "" id = "" value = "" />
    姓名：<input type = "text" name = "" id = "" value = "" />
    电话：<input type = "text" name = "" id = "" value = "" />
<input type = "button" name = "btn" id = "btn" value = "保存" style = "width:50px;"/>
<table border = "" cellspacing = "" cellpadding = "" width = "600px">
<tr>
    <td>Id</td>
    <td>name</td>
```

```
    <td>tal</td>
    <td>操作</td>
</tr>
</table>
</div>


</body>
</html>
```

12.2.3　利用节点完成表格行的修改和删除

1. 程序要求

点击"修改"按钮时可以修改投币行的数据，点击"删除"按钮时能删除该行，效果如图 12.5 所示。

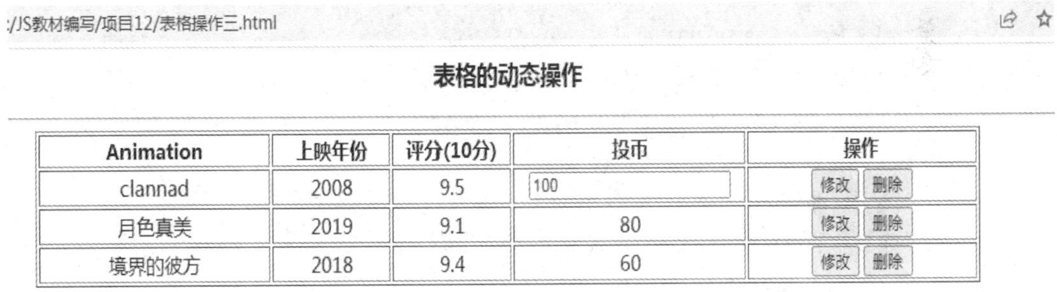

:/JS教材编写/项目12/表格操作三.html

表格的动态操作

Animation	上映年份	评分(10分)	投币	操作
clannad	2008	9.5	100	修改 删除
月色真美	2019	9.1	80	修改 删除
境界的彼方	2018	9.4	60	修改 删除

图 12.5　表格行的修改和删除

2. 程序编写

用 JavaScript 脚本语言编写上述表格行的修改和删除的程序，代码如下：

```
<html>
<head>
<title>js-表格的动态操作</title>
<meta charset = "UTF-8"/>
    <style type = "text/css">
        #ta tr{
            height: 20px;
        }
        #t1{
            font-weight: bold;
            /*align-content: center;*/
            /*不能设置文本内容居中*/
```

```
            }
        </style>
        <script type = "text/javascript">
            function delectOper(btn){
                //获取 table 对象
                var ta = document.getElementById("ta")
                //获取其父类对象
                var tr = btn.parentNode.parentNode;
                //执行删除操作
                ta.deleteRow(tr.rowIndex);
            }
            function changeOper(n){
                var n = n;
                //获取修改的位置对象
                var cell = document.getElementById("cell"+n);
                //进行一定的限制(只有是数字的情况下才能进行拼接)
                if(!isNaN(Number(cell.innerHTML)))
                {
                    //修改对象的类型
                    cell.innerHTML = "<input type = 'text' value = '" + cell.innerHTML + "' onblur =
'changeOper2(this, this.parentNode)'/>"
                }
            }
            function changeOper2(inp, cell){
                //获取修改位置对象
//              var cell = document.getElementById("cell"+n);
                //修改对象的类型
                cell.innerHTML = inp.value;
            }
        </script>
    </head>
    <body>
        <h3 align = "center">表格的动态操作</h3>
        <hr />
        <table border = "1px" id = "ta" align = "center"><!--align 可以直接把整个表格居中-->
            <tr id = "t1" align = "center">
                <td width = "200px">Animation</td>
```

```html
                <td width = "100px">上映年份</td>
                <td width = "100px">评分(10 分)</td>
                <td width = "200px">投币</td>
                <td width = "200px">操作</td>
            </tr>
            <tr align = "center">
                <td>clannad</td>
                <td>2008</td>
                <td>9.5</td>
                <td id = "cell2">100</td>
                <td>
                    <input type = "button" name = "" id = "" value = "修改" onclick = "changeOper(2)"/>
                    <input type = "button" name = "" id = "" value = "删除" onclick = "delectOper(this)"/>
                </td>
            </tr>
            <tr align = "center">
                <td>月色真美</td>
                <td>2019</td>
                <td>9.1</td>
                <td id = "cell3">80</td>
                <td>
                    <input type = "button" name = "" id = "" value = "修改" onclick = "changeOper(3)"/>
                    <input type = "button" name = "" id = "" value = "删除" onclick = "delectOper(this)"/>
                </td>
            </tr>
        <tr align = "center">
            <td>境界的彼方</td>
            <td>2018</td>
            <td>9.4</td>
            <td id = "cell4">60</td>
            <td>
                <input type = "button" name = "" id = "" value = "修改" onclick = "changeOper(4)"/>
                <input type = "button" name = "" id = "" value = "删除" onclick = "delectOper(this)"/>
            </td>
        </tr>
    </table>
  </body>
</html>
```

课后习题

简答题

(1) 简述什么是节点，HTML 文档中有哪些节点。

(2) 用 JavaScript 脚本语言完成表格行的删除和添加的程序代码的编写。

项目 13

JavaScript 综合应用实例

 了解综合应用实例需求

掌握 HTML、CSS 与 JavaScript 的综合使用，并掌握 DIV+CSS 的布局技巧。

(1) 完成新用户注册页面；

(2) 实现商品金额自动计算功能；

(3) 实现商品数量增加和减少功能；

(4) 实现删除商品功能。

 完成新用户注册

1. 程序要求

在注册页面验证用户输入内容的有效性。当文本框获得焦点时，提示文本框中应该输入的内容；当文本框失去焦点时，验证文本框中的内容，并提示错误信息。本实例运行后的页面效果如图 13.1 所示。

通行证用户名：	_crowned	@163.com	● 1、由字母、数字、下画线、点、减号组成
			2、只能以数字、字母开头或结尾，且长度为4-18
登录密码：			
重复登录密码：			
性别：	◉男 ○女		
真实姓名：			
昵称：	菲儿		✓ 昵称输入正确
关联手机号：			● 关联手机号码不能为空，请输入关联手机号码
保密邮箱：			请输入您常用的电子邮箱

注 册

图 13.1 注册页面

2．程序编写

(1) 用 HTML 编写完成新用户注册页面的程序，代码如下：

```
<div id = "header"> <img src = "images/register_logo.gif" alt = "logo"/></div>
<div id = "main">
<table width = "100%" border = "0" cellspacing = "0" cellpadding = "0">
    <tr>
        <td class = "bg bg_top_left"></td>
        <td class = "bg_top"></td>
        <td class = "bg bg_top_right"></td>
    </tr>
    <tr>
        <td class = "bg_left"></td>
        <td class = "content">
            <form action = "" method = "post" name = "myform" onsubmit = "return checkForm()">
                <dl>
                    <dt>通行证用户名：</dt>
                    <dd><input type = "text" id = "userName" class = "inputs userWidth" onfocus =
"userNameFocus()" onblur = "userNameBlur()" /> @163.com</dd>
                    <div id = "userNameId"></div>
                </dl>
                <dl>
                    <dt>登录密码：</dt>
                    <dd><input type = "password" id = "pwd" class = "inputs"  onfocus = "pwdFocus()"
onblur = "pwdBlur()"/></dd>
                    <div id = "pwdId"></div>
                </dl>
                <dl>
                    <dt>重复登录密码：</dt>
                    <dd><input type = "password" id = "repwd" class = "inputs"    onblur = "repwdBlur()"/> </dd>
                    <div id = "repwdId"></div>
                </dl>
                <dl>
                    <dt>性别：</dt>
                    <dd><input name = "sex" type = "radio" value = "" checked = "checked"/>男  <input name =
"sex" type = "radio" value = "" />女  </dd>
                </dl>
                <dl>
                    <dt>真实姓名：</dt>
```

```
                <dd> <input type = "text" id = "realName" class = "inputs" /> </dd>
            </dl>
            <dl>
            <dt>昵称：</dt>
                <dd> <input type = "text" id = "nickName" class = "inputs"  onfocus = "nickNameFocus()"
onblur = "nickNameBlur()"/> </dd>
                <div id = "nickNameId"> </div>
            </dl>
            <dl>
            <dt>关联手机号：</dt>
                <dd> <input  type = "text"  id = "tel"  class = "inputs"   onfocus = "telFocus()"  onblur =
"telBlur()" /> </dd>
            <div id = "telId"></div>
            </dl>
            <dl>
            <dt>保密邮箱：</dt>
                <dd> <input  type = "text"  id = "email"  class = "inputs"  onfocus = "emailFocus()"  onblur =
"emailBlur()" /> </dd>
                <div id = "emailId"> </div>
            </dl>
            <dl>
            <dt> </dt>
                <dd> <input name = "" type = "image" src = "images/button.gif"/> </dd>
            </dl>
        </form>
      </td>
      <td class = "bg_right"> </td>
    </tr>
    <tr>
    <td class = "bg bg_end_left"> </td>
    <td class = "bg_end"> </td>
    <td class = "bg bg_end_right"> </td>
    </tr>
</table>

</div>
```

(2) 用 CSS 编写完成新用户注册页面的程序，代码如下：

```
body, dl, dt, dd, div, form {padding:0;margin:0;}
```

```
#header, #main{
    width:650px;
    margin:0 auto;
}
.bg{
    background-image:url(../images/register_bg.gif);
    background-repeat:no-repeat;
    width:6px;
    height:6px;
}
.bg_top_left{
    background-position:0px 0px;
}
.bg_top_right{
    background-position:0px -6px;
}
.bg_end_left{
    background-position:0px -12px;
}
.bg_end_right{
    background-position:0px -18px;
}
.bg_top{
    border-top:solid 1px #666666;
}
.bg_end{
    border-bottom:solid 1px #666666;
}
.bg_left{
    border-left:solid 1px #666666;
}
.bg_right{
    border-right:solid 1px #666666;
}

.content{
    padding:10px;
}
```

```
.inputs{
    border:solid 1px #a4c8e0;
    width:150px;
    height:15px;
}

.userWidth{
    width:110px;
}
.content div{
    float:left;
    font-size:12px;
    color:#000;
}
dl{
    clear:both;
}
dt, dd{
    float:left;
}
dt{
    width:130px;
    text-align:right;
    font-size:14px;
    height:30px;
    line-height:25px;
}
dd{
    font-size:12px;
    color:#666666;
    width:180px;
}
/*当鼠标放到文本框时，提示文本的样式*/
.import_prompt{
    border:solid 1px #ffcd00;
    background-color:#ffffda;
    padding-left:5px;
    padding-right:5px;
    line-height:20px;
```

```
}
/*当文本框内容不符合要求时，提示文本的样式*/
.error_prompt{
    border:solid 1px #ff3300;
    background-color:#fff2e5;
    background-image:url(../images/li_err.gif);
    background-repeat:no-repeat;
    background-position:5px 2px;
    padding:2px 5px 0px 25px;
    line-height:20px;
}
/*当文本框内容输入正确时，提示文本的样式*/
.ok_prompt{
    border:solid 1px #01be00;
    background-color:#e6fee4;
    background-image:url(../images/li_ok.gif);
    background-repeat:no-repeat;
    background-position:5px 2px;
    padding:2px 5px 0px 25px;
    line-height:20px;
}
```

（3）用 JavaScript 脚本语言编写完成新用户注册页面的程序，代码如下：

```
/*通过 ID 获取 HTML 对象的通用方法，使用$代替函数名称*/
function $(elementId){
    return document.getElementById(elementId);
}


/*当鼠标放在通行证用户名文本框时，提示文本及样式*/
function userNameFocus(){
    var userNameId = $("userNameId");
    userNameId.className = "import_prompt";
    userNameId.innerHTML = "1、由字母、数字、下画线、点、减号组成<br/>2、只能以数字、字母开
头或结尾，且长度为 4-18";
}


/*当鼠标离开通行证用户名文本框时，提示文本及样式*/
function userNameBlur(){
    var userName = $("userName");
```

```javascript
    var userNameId = $("userNameId");
    var reg = /^[0-9a-zA-Z][0-9a-zA-Z_.-]{2, 16}[0-9a-zA-Z]$/;
    if(userName.value == ""){
        userNameId.className = "error_prompt";
        userNameId.innerHTML = "通行证用户名不能为空，请输入通行证用户名";
        return false;
    }
    if(reg.test(userName.value) == false){
        userNameId.className = "error_prompt";
        userNameId.innerHTML = "1、由字母、数字、下画线、点、减号组成<br/>2、只能以数字、字母
开头或结尾，且长度为 4-18";
        return false;
    }
    userNameId.className = "ok_prompt";
    userNameId.innerHTML = "通行证用户名输入正确";
    return true;
}


/*当鼠标放在密码文本框时，提示文本及样式*/
function pwdFocus(){
    var pwdId = $("pwdId");
    pwdId.className = "import_prompt";
    pwdId.innerHTML = "密码长度为 6-16";
}


/*当鼠标离开密码文本框时，提示文本及样式*/
function pwdBlur(){
    var pwd = $("pwd");
    var pwdId = $("pwdId");
    if(pwd.value == ""){
        pwdId.className = "error_prompt";
        pwdId.innerHTML = "密码不能为空，请输入密码";
        return false;
    }
    if(pwd.value.length<6 || pwd.value.length>16){
        pwdId.className = "error_prompt";
        pwdId.innerHTML = "密码长度为 6-16";
        return false;
```

```
    }
    pwdId.className = "ok_prompt";
    pwdId.innerHTML = "密码输入正确";
    return true;
}

/*当鼠标离开重复密码文本框时，提示文本及样式*/
function repwdBlur(){
    var repwd = $("repwd");
    var pwd = $("pwd");
    var repwdId = $("repwdId");
    if(repwd.value == ""){
        repwdId.className = "error_prompt";
        repwdId.innerHTML = "重复密码不能为空，请重复输入密码";
        return false;
    }
    if(repwd.value != pwd.value){
        repwdId.className = "error_prompt";
        repwdId.innerHTML = "两次输入的密码不一致，请重新输入";
        return false;
    }
    repwdId.className = "ok_prompt";
    repwdId.innerHTML = "两次密码输入正确";
    return true;
}

/*当鼠标放在昵称文本框时，提示文本及样式*/
function nickNameFocus(){
    var nickNameId = $("nickNameId");
    nickNameId.className = "import_prompt";
    nickNameId.innerHTML = "1、包含汉字、字母、数字、下画线以及@!#$%&*特殊字符<br/>2、长度
为4—20 个字符<br/>3、一个汉字占两个字符";
}

/*当鼠标离开昵称文本框时，提示文本及样式*/
function nickNameBlur(){
    var nickName = $("nickName");
    var nickNameId = $("nickNameId");
```

```
    var k = 0;
    var reg = /^([\u4e00-\u9fa5]|\w|[@!#$%&*])+$/;     // 匹配昵称
    var chinaReg = /[\u4e00-\u9fa5]/g;     //匹配中文字符
    if(nickName.value == ""){
        nickNameId.className = "error_prompt";
        nickNameId.innerHTML = "昵称不能为空，请输入昵称";
        return false;
    }
    if(reg.test(nickName.value) == false){
        nickNameId.className = "error_prompt";
        nickNameId.innerHTML = "只能由汉字、字母、数字、下画线以及@!#$%&*特殊字符组成";
        return false;
    }

    var len = nickName.value.replace(chinaReg, "ab").length;     //把中文字符转换为两个字母，以计算字符
                                                                        长度

    if(len<4||len>20){
        nickNameId.className = "error_prompt";
        nickNameId.innerHTML = "1、长度为 4－20 个字符<br/>2、一个汉字占两个字符";
        return false;
    }

    nickNameId.className = "ok_prompt";
    nickNameId.innerHTML = "昵称输入正确";
    return true;
}

/*当鼠标放在关联手机号文本框时，提示文本及样式*/
function telFocus(){
    var telId = $("telId");
    telId.className = "import_prompt";
    telId.innerHTML = "1、手机号码以 13，15，18 开头<br/>2、手机号码由 11 位数字组成";
}

/*当鼠标离开关联手机号文本框时，提示文本及样式*/
function telBlur(){
    var tel = $("tel");
    var telId = $("telId");
```

```
    var reg = /^(13|15|18)\d{9}$/;
    if(tel.value == ""){
        telId.className = "error_prompt";
        telId.innerHTML = "关联手机号码不能为空，请输入关联手机号码";
        return false;
    }
    if(reg.test(tel.value) == false){
        telId.className = "error_prompt";
        telId.innerHTML = "关联手机号码输入不正确，请重新输入";
        return false;
    }
    telId.className = "ok_prompt";
    telId.innerHTML = "关联手机号码输入正确";
    return true;
}

/*当鼠标放在保密邮箱文本框时，提示文本及样式*/
function emailFocus(){
    var emailId = $("emailId");
    emailId.className = "import_prompt";
    emailId.innerHTML = "请输入您常用的电子邮箱";
}

/*当鼠标离开保密邮箱文本框时，提示文本及样式*/
function emailBlur(){
    var email = $("email");
    var emailId = $("emailId");
    var reg = /^\w+@\w+(\.[a-zA-Z]{2,3}){1,2}$/;
    if(email.value == ""){
        emailId.className = "error_prompt";
        emailId.innerHTML = "保密邮箱不能为空，请输入保密邮箱";
        return false;
    }
    if(reg.test(email.value) == false){
        emailId.className = "error_prompt";
        emailId.innerHTML = "保密邮箱格式不正确，请重新输入";
        return false;
    }
```

```
        emailId.className = "ok_prompt";
        emailId.innerHTML = "保密邮箱输入正确";
        return true;
}

/*表单提交时验证表单内容输入的有效性*/
function checkForm(){
    var flagUserName = userNameBlur();
    var flagPwd = pwdBlur();
    var flagRepwd = repwdBlur();
    var flagNickName = nickNameBlur();
    var flagTel = telBlur();
    var flagEmail = emailBlur();

    userNameBlur();
    pwdBlur();
    repwdBlur();
    nickNameBlur();
    telBlur();
    emailBlur();

    if(flagUserName == true &&flagPwd == true &&flagRepwd == true &&flagNickName == true&&flagTel
== true&flagEmail == true){
        return true;
    }
    else{
        return false;
    }
}
```

任务3　实现商品金额和积分自动计算功能

1. 程序要求

在购物车页面中，根据商品的数量和单价，计算每行商品的小计；根据商品数量、单价和积分，计算商品总价和积分。本实例运行后的页面效果如图 13.2 所示。

图 13.2　订单信息

2．程序编写

（1）用 HTML 编写实现商品金额和积分自动计算功能的程序，代码如下：

```html
<div id = "content">
  <table width = "100%" border = "0" cellspacing = "0" cellpadding = "0" id = "shopping">
  <form action = "" method = "post" name = "myform">
  <tr>
    <td class = "title_1"><input id = "allCheckBox" type = "checkbox" value = "" onclick = "selectAll()" />
全选     </td>
    <td class = "title_2" colspan = "2">店铺宝贝</td>
    <td class = "title_3">获积分</td>
    <td class = "title_4">单价(元)</td>
    <td class = "title_5">数量</td>
    <td class = "title_6">小计(元)</td>
    <td class = "title_7">操作</td>
  </tr>
  <tr>
    <td colspan = "8" class = "line"> </td>
  </tr>
```

```
    <tr>
      <td colspan = "8" class = "shopInfo">店铺：<a href = "#">纤巧百媚时尚鞋坊</a> 卖家：<a href = "#">
纤巧百媚</a> <img src = "images/taobao_relation.jpg" alt = "relation" /> </td>
    </tr>
    <tr id = "product1">
      <td class = "cart_td_1"> <input name = "cartCheckBox" type = "checkbox" value = "product1" onclick
= "selectSingle()" /> </td>
      <td class = "cart_td_2"> <img src = "images/taobao_cart_01.jpg" alt = "shopping"/></td>
      <td class = "cart_td_3"> <a href = "#">日韩流行风时尚美眉最爱独特米字拼图金属坡跟公主靴子黑
色</a><br />
        颜色：棕色 尺码：37<br />
        保障：<img src = "images/taobao_icon_01.jpg" alt = "icon" /></td>
      <td class = "cart_td_4">5</td>
      <td class = "cart_td_5">138.00</td>
      <td class = "cart_td_6"> <img src = "images/taobao_minus.jpg" alt = "minus" onclick =
"changeNum('num_1', 'minus')" class = "hand"/><input id = "num_1" type = "text"  value = "1" class =
"num_input" readonly = "readonly"/> <img src = "images/taobao_adding.jpg" alt = "add" onclick =
"changeNum('num_1', 'add')"  class = "hand"/> </td>
      <td class = "cart_td_7"> </td>
      <td class = "cart_td_8"> <a href = "javascript:deleteRow('product1');">删除</a> </td>
    </tr>


    <tr>
      <td colspan = "8" class = "shopInfo">店铺：<a href = "#">香港我的美丽日记</a>     卖家：<a href =
"#">lokemick2009</a> <img src = "images/taobao_relation.jpg" alt = "relation" /> </td>
    </tr>
    <tr id = "product2">
      <td class = "cart_td_1"> <input name = "cartCheckBox" type = "checkbox" value = "product2"
onclick = "selectSingle()" /> </td>
      <td class = "cart_td_2"> <img src = "images/taobao_cart_02.jpg" alt = "shopping"/> </td>
      <td class = "cart_td_3"> <a href = "#">chanel/香奈尔/香奈尔炫亮魅力唇膏 3.5g</a> <br />
        保障：<img src = "images/taobao_icon_01.jpg" alt = "icon" /> <img src = "images/taobao_
icon_02.jpg" alt = "icon" /> </td>
      <td class = "cart_td_4">12</td>
      <td class = "cart_td_5">265.00</td>
      <td class = "cart_td_6"> <img src = "images/taobao_minus.jpg" alt = "minus" onclick =
"changeNum('num_2', 'minus')" class = "hand"/> <input id = "num_2" type = "text"  value = "1" class =
"num_input" readonly = "readonly"/> <img src = "images/taobao_adding.jpg" alt = "add" onclick =
"changeNum('num_2', 'add')"  class = "hand"/> </td>
```

```html
        <td class = "cart_td_7"> </td>
        <td class = "cart_td_8"> <a href = "javascript:deleteRow('product2');">删除</a> </td>
    </tr>


        <tr>
        <td colspan = "8" class = "shopInfo">店铺：<a href = "#">实体经营</a>        卖家：<a href = "#">林颜
店铺</a><img src = "images/taobao_relation.jpg" alt = "relation" /> </td>
</tr>
    <tr id = "product3">
        <td class = "cart_td_1"> <input name = "cartCheckBox" type = "checkbox" value = "product3"   onclick
= "selectSingle()"/> </td>
        <td class = "cart_td_2"> <img src = "images/taobao_cart_03.jpg" alt = "shopping"/> </td>
        <td class = "cart_td_3"> <a href = "#">蝶妆海皙蓝清滢粉底液 10#(象牙白)</a> <br />
            保障：<img src = "images/taobao_icon_01.jpg" alt = "icon" />
                    <img src = "images/taobao_ icon_02.jpg" alt = "icon" /> </td>
        <td class = "cart_td_4">3</td>
        <td class = "cart_td_5">85.00</td>
        <td class = "cart_td_6">
            <img src = "images/taobao_minus.jpg" alt = "minus" onclick = "changeNum('num_3', 'minus')" class
= "hand"/> <input id = "num_3" type = "text"   value = "1" class = "num_input" readonly = "readonly"/>
            <img src = "images/taobao_adding.jpg" alt = "add" onclick = "changeNum('num_3', 'add')"   class =
"hand"/> </td>
        <td class = "cart_td_7"> </td>
        <td class = "cart_td_8"> <a href = "javascript:deleteRow('product3');">删除</a> </td>
    </tr>


        <tr>
        <td colspan = "8" class = "shopInfo">店铺：<a href = "#">红豆豆的小屋</a>        卖家：<a href =
"#">taobao 豆豆</a><img src = "images/taobao_relation.jpg" alt = "relation" /> </td>
        </tr>
        <tr id = "product4">
        <td class = "cart_td_1"> <input name = "cartCheckBox" type = "checkbox" value = "product4" onclick
= "selectSingle()" /> </td>
<td class = "cart_td_2"> <img src = "images/taobao_cart_04.jpg" alt = "shopping"/> </td>
<td class = "cart_td_3"> <a href = "#">相宜促销专供 大 S 推荐 最好用的 LilyBell 化妆棉</a> <br />
        保障：<img src = "images/taobao_icon_01.jpg" alt = "icon" /> </td>
    <td class = "cart_td_4">12</td>
    <td class = "cart_td_5">12.00</td>
    <td   class = "cart_td_6"> <img   src = "images/taobao_minus.jpg"   alt = "minus"   onclick =
```

```
"changeNum('num_4', 'minus')" class = "hand"/> <input id = "num_4" type = "text"  value = "2" class =
"num_input" readonly = "readonly"/> <img src = "images/taobao_adding.jpg" alt = "add" onclick =
"changeNum('num_4', 'add')"  class = "hand"/> </td>
    <td class = "cart_td_7"> </td>
    <td class = "cart_td_8"> <a href = "javascript:deleteRow('product4');">删除</a> </td>
  </tr>


    <tr>
    <td  colspan = "3"><a href = "javascript:deleteSelectRow()"> <img src = "images/taobao_del.jpg" alt =
"delete"/> </a> </td>
    <td colspan = "5" class = "shopcnd">商品总价(不含运费): <label id = "total" class = "yellow"> </label>
元<br />
    可获积分 <label class = "yellow" id = "integral"></label> 点<br />
    <input name = "" type = "image" src = "images/taobao_subtn.jpg" /> </td>
    </tr>
    </form>
</table>


</div>
```

(2) 用 CSS 编写实现商品金额和积分自动计算功能的程序，代码如下：

```
body{
    margin:0px;
    padding:0px;
    font-size:12px;
    line-height:20px;
    color:#333;
}
ul, li, ol, h1, dl, dd{
    list-style:none;
    margin:0px;
    padding:0px;
}
a{
    color:#1965b3;
    text-decoration: none;
}
a:hover{
    color:#CD590C;
```

```css
    text-decoration:underline;
}
img{
    border:0px;
    vertical-align:middle;
}
#header{
    height:40px;
    margin:10px auto 10px auto;
    width:800px;
    clear:both;
}
#nav{
    margin:10px auto 10px auto;
    width:800px;
    clear:both;
}
#navlist{
    width:800px;
    margin:0px auto 0px auto;
    height:23px;
}
#navlist li{
    float:left;
    height:23px;
    line-height:26px;
}
.navlist_red_left{
    background-image:url(../images/taobao_bg.png);
    background-repeat:no-repeat;
    background-position:-12px -92px;
    width:3px;
}
.navlist_red{
    background-color:#ff6600;
    text-align:center;
    font-size:14px;
    font-weight:bold;
    color:#FFF;
```

基于新信息技术的JavaScript程序设计基础（第二版）

```
        width:130px;
}
.navlist_red_arrow{
        background-color:#ff6600;
        background-image:url(../images/taobao_bg.png);
        background-repeat:no-repeat;
        background-position:0px 0px;
        width:13px;
}
.navlist_gray{
        background-color:#e4e4e4;
        text-align:center;
        font-size:14px;
        font-weight:bold;
        width:150px;
}
.navlist_gray_arrow{
        background-color:#e4e4e4;
        background-image:url(../images/taobao_bg.png);
        background-repeat:no-repeat;
        background-position:0px 0px;
        width:13px;
}
.navlist_gray_right{
        background-image:url(../images/taobao_bg.png);
        background-repeat:no-repeat;
        background-position:-12px -138px;
        width:3px;
}
#content{
        width:800px;
        margin:10px auto 5px auto;
        clear:both;
}
.title_1{
        text-align:center;
        width:50px;
}
.title_2{
```

```
      text-align:center;
   }
.title_3{
   text-align:center;
   width:80px;
}
.title_4{
   text-align:center;
   width:80px;
}
.title_5{
   text-align:center;
   width:100px;
}
.title_6{
   text-align:center;
   width:80px;
}
.title_7{
   text-align:center;
   width:60px;
}
.line{
   background-color:#a7cbff;
   height:3px;
}
.shopInfo{
   padding-left:10px;
   height:35px;
   vertical-align:bottom;
}
.num_input{
   border:solid 1px #666;
   width:25px;
   height:15px;
   text-align:center;
}
.cart_td_1, .cart_td_2, .cart_td_3, .cart_td_4, .cart_td_5, .cart_td_6, .cart_td_7, .cart_td_8{
   background-color:#e2f2ff;
```

```
        border-bottom:solid 1px #d1ecff;
        border-top:solid 1px #d1ecff;
        text-align:center;
        padding:5px;
}
.cart_td_1, .cart_td_3, .cart_td_4, .cart_td_5, .cart_td_6, .cart_td_7{
        border-right:solid 1px #FFF;
}
.cart_td_3{
        text-align:left;
}
.cart_td_4{
        font-weight:bold;
}
.cart_td_7{
        font-weight:bold;
        color:#fe6400;
        font-size:14px;
}
.hand{
        cursor:pointer;
}
.shopend{
        text-align:right;
        padding-right:10px;
        padding-bottom:10px;
}
.yellow{
        font-weight:bold;
        color:#fe6400;
        font-size:18px;
        line-height:40px;
}
```

（3）用 JavaScript 脚本语言编写实现商品金额和积分自动计算功能的程序，代码如下：

```
/*自动计算商品的总金额、总共节省的金额和积分*/
function productCount(){
    var total = 0;        //商品金额总计
    var integral = 0;     //可获商品积分
```

```
var point;        //每一行商品的单品积分
var price;        //每一行商品的单价
var number;        //每一行商品的数量
var subtotal;    //每一行商品的小计

/*访问 ID 为 shopping 表格中所有的行数*/
var myTableTr = document.getElementById("shopping").getElementsByTagName("tr");
if(myTableTr.length > 0){
    for(var i = 1; i < myTableTr.length; i++){/*从 1 开始，第一行的标题不计算*/
        if(myTableTr[i].getElementsByTagName("td").length > 2){ //最后一行不计算
            point = myTableTr[i].getElementsByTagName("td")[3].innerHTML;
            price = myTableTr[i].getElementsByTagName("td")[4].innerHTML;
            number = myTableTr[i].getElementsByTagName("td")[5].
                    getElementsByTagName("input")[0].value;
            integral += point*number;
            total += price*number;
            myTableTr[i].getElementsByTagName("td")[6].innerHTML = price*number;
        }
    }
    document.getElementById("total").innerHTML = total;
    document.getElementById("integral").innerHTML = integral;
}
}
window.onload = productCount;
```

任务 4　实现商品数量增加和减少功能

1. 程序要求

在购物车页面中，单击商品数量文本框右边的增加数量图标"+"或左边的减少数量图标"−"，商品的数量则会增加 1 或减少 1，但是数量不能减少为 0；商品数量增加或减少时，商品小计以及商品总计、积分随之变化。本实例运行后的页面效果同上图 13.2 所示。

2. 程序编写

(1) 用 HTML 和 CSS 编写实现商品数量增加和减少功能的程序，代码与任务 3 的代码相同。

(2) 用 JavaScript 脚本语言编写实现商品数量增加和减少功能的程序，代码如下：

```
/*改变所购商品的数量*/
function changeNum(numId, flag){/*numId 表示对应商品数量的文本框 ID, flag 表示是增加还是减少商品数量*/
    var numId = document.getElementById(numId);
    if(flag == "minus"){              /*减少商品数量*/
        if(numId.value <= 1){
            alert("宝贝数量必须是大于 0");
            return false;
        }
        else{
            numId.value = parseInt(numId.value)-1;
            productCount();
        }
    }
    else{                            /*flag 为 add，增加商品数量*/
        numId.value = parseInt(numId.value)+1;
        productCount();
    }
}
```

任务 5   实现删除商品功能

1. 程序要求

在购物车页面中，单击"删除所选"按钮可以删除选中的商品；单击每个商品后面的"删除"按钮可以删除对应的商品；删除商品后，商品总计和积分也同时改变。

2. 程序编写

本实例运行后的页面效果如图 13.2 所示。

(1) 用 HTML 和 CSS 编写实现删除商品功能的程序，代码与任务 3 的代码相同。

(2) 用 JavaScript 脚本语言编写实现删除商品功能的程序，代码如下：

```
/*删除单行商品*/
```

```
function deleteRow(rowId){
    var Index = document.getElementById(rowId).rowIndex;        //获取当前行的索引号
    document.getElementById("shopping").deleteRow(Index);
    document.getElementById("shopping").deleteRow(Index-1);
    productCount();
}


/*删除选中行的商品*/
function deleteSelectRow(){
    var oInput = document.getElementsByName("cartCheckBox");
    var Index;
    for (var i = oInput.length-1; i >= 0; i--){
        if(oInput[i].checked == true){
            Index = document.getElementById(oInput[i].value).rowIndex; /*获取选中行的索引号*/
            document.getElementById("shopping").deleteRow(Index);
            document.getElementById("shopping").deleteRow(Index-1);
        }
    }
    productCount();
}
```

参 考 文 献

[1] 谢钟扬. 基于新信息技术的 JavaScript 程序设计基础[M]. 西安：西安电子科技大学出版社，2018.

[2] 卢淑萍. JavaScript 与 jQuery 实战教程[M]. 北京：清华大学出版社，2015.

[3] 刘群. 基于任务驱动模式的 JavaScript 程序设计案例教程[M]. 西安：西安电子科技大学出版社，2015.